艾迪鹅®
ideart.cc

让每个想法成为艺术。

如果你不能
做伟大的事,
那就以
伟大的方式
做一件件小事

$(1+0.1)^{10} = 2.59$

$(1+0.1)^{100} = 13780.61$

工作型PPT实战手册

电力人

必会的100个 PPT技巧

秦阳　张伟崇　段德志　胡嘉冀　著

人民邮电出版社

北　京

图书在版编目（CIP）数据

工作型PPT实战手册：电力人必会的100个PPT技巧 /
秦阳等著. -- 北京 ：人民邮电出版社，2022.11（2023.10重印）
ISBN 978-7-115-59097-8

Ⅰ．①工… Ⅱ．①秦… Ⅲ．①图形软件－手册 Ⅳ.
①TP391.412-62

中国版本图书馆CIP数据核字(2022)第058072号

内 容 提 要

  本书围绕电力行业 PPT 设计中的难点和痛点，收录了 100 个常用的 PPT 设计技巧。书中不仅对各个技巧进行了详细说明，还提供了大量电力行业典型案例供读者参考借鉴，对很多电力工作场景所涉及的逻辑思路进行了总结。

  本书的大部分技巧配有清晰的场景说明、配套练习文件、视频演示文件，全方位教会读者如何操作软件，结合实际应用场景快速解决问题。

  本书是非常实用的 PPT 工具书，能够很好地帮助电力行业从业者掌握 PPT 技能，解决工作中的一些实际问题。本书适合电力行业的从业人员、高校电力相关专业的学生、电力行业相关大赛的参赛选手、面向电力企业的求职者阅读。

◆ 著　　　　秦　阳　张伟崇　段德志　胡嘉冀
　　责任编辑　李永涛
　　责任印制　王　郁　胡　南

◆ 人民邮电出版社出版发行　　北京市丰台区成寿寺路 11 号
　邮编　100164　　电子邮件　315@ptpress.com.cn
　网址　https://www.ptpress.com.cn
　北京捷迅佳彩印刷有限公司印刷

◆ 开本：690×970　1/16
　印张：12　　　　　　　　　2022 年 11 月第 1 版
　字数：264 千字　　　　　　2023 年 10 月北京第 4 次印刷

定价：59.90 元

读者服务热线：(010)81055410　印装质量热线：(010)81055316
反盗版热线：(010)81055315
广告经营许可证：京东市监广登字 20170147 号

终于有了一本研究电力工作 PPT 的工具书

国网山西省电力公司党委高度重视青年成长，深化党建带团建机制，持续加强高素质青年干部队伍建设、专业化青年人才队伍建设，为托举青年人才提供了广阔舞台。公司团委肩负党委重托，承担着引领新时代公司共青团和青年工作，不断提升团组织"三力一度"的光荣使命。

公司青年大多根植一线，思维活跃，追求上进，为了给青年搭建成长平台、厚植成才沃土，我们通过举办"百年党史青年说""青年创新创意大赛""青年PPT技能大赛""青年讲师团选拔赛""新媒体团课比拼""青年人才上讲台""团干部述职评议""青字品牌分享会"等多项活动，不断组织引领青年，凝聚带动青年，竭诚服务青年，让青年榜样作用充分发挥，让青年素质逐步提升，将关心关爱青年落到实处。

在这些活动场景中，PPT技能成为了青年必备的一项重要技能，让青年的风采展示，不再仅落脚于粗线条的工作汇报。

然而，目前市面上还没有一本专门面向电力行业的PPT工具书，也缺乏有关电力实际工作的PPT案例。

如今，终于非常欣慰地看到，为了满足越来越多电力青年人的工作需求，有7年兼职PPT培训师和竞赛经验的原国网山西省电力公司临汾供电公司团委书记段德志同志，联合国内专业PPT团队"艾迪鹅"，共同策划编纂了本书。

本书围绕电力领域，紧密结合实际工作场景需求和难点、痛点展开，不仅有学了马上就能用的操作方法和设计技巧，更有大量真实、接地气的典型案例可供参考借鉴，同时还对电力工作场景逻辑思路进行程式化的总结，整体来说，这是一本非常实用的PPT工具书。

这本书能够很好地帮助电力青年掌握PPT技能，解决工作中的实际问题，从而加速成长、成才。

共青团国网山西省电力公司委员会

前言

这本书，是我写给电力人的一封感谢信

我做PPT培训师的第一年，去企业讲课超过60天，而其中80%都是电力企业，这为我后来的培训事业，打下了非常坚实的基础。

所以一直对电力企业充满感恩之情，感谢其在我刚入行时，给予我的信任。

而也是那个时候，我发现了电力从业者制作PPT的特点。比如，既有日常工作需要，也有各种大型比赛；既有需要优中选优的精品制作，也有需要在几小时内从内容逻辑到完成课件的极限操作；既有电力企业自己的标准模板，也有推陈出新的倡导；有些从业者自己的计算机中安装的是Microsoft Office，而公司机房使用的是WPS Office；电力PPT中会高频出现各种电路图、截图、公式等美化难度较大的页面，也有安全生产、职代会报告、月例会、周例会等各种使用PPT的场景类型……

目前市面上的PPT图书，通用大全式居多，覆盖面很广，但无法针对性地解决电力行业PPT所独有的难题。所以一直有个心愿，能专门为电力人写一本属于他们的PPT图书。

挑战是显而易见的。

首先，本书内容如何契合电力行业？

我跟张伟崇老师虽然是PPT领域的专家，我们也写过多部PPT畅销书，但是这本书需要细分到电力行业，需要大量贴近电力行业日常的真实案例，这是我们欠缺的。

所幸我们找到了两位作者加盟。

一位是原国网山西省电力公司临汾供电公司团委书记段德志，最近他又履新了。跟段老师很有缘，多年前他还是基层员工的时候，参加了电力系统内部的兼职内训师大赛，我是当时的PPT课件培训授课老师。按段老师的说法，因为那堂课，颠覆了他对PPT的认知，打开了思路，后来靠PPT实现各种"逆袭"，迅速脱颖而出，成为从区县公司登上省公司讲台的最年轻的培训师，进而在全国多个省、市电力公司交流培训，成为国网竞赛山西公司团队PPT教练，和团队一起取得了优秀成绩，也得到了更多领导、同事的认可，发觉了自身除PPT制作专长外的更多优秀品质，并通过公开选拔成为临汾供电公司时任最年轻的劳动模范、团委书记。

另一位是胡嘉冀老师，她是一名资深的培训经理，在培训公司从业7年，一直服务于电力系统培训与竞赛辅导项目，有着丰富、深入的运营实施和竞赛辅导经验，曾帮助多个电力公司的选手在竞赛中获得优秀成绩。

最终，我们集结了"PPT畅销书作者+电力公司内训师+咨询公司客户经理"的作者阵容，三者之间全方位互补，强强联手，并且调研了数百名电力人，精选出100个电力行业PPT设计与制作的相关难题，紧贴电力人日常办公的方方面面，编写了本书。

其次，针对电力从业者制作PPT的特点，如何有效解决他们遇到的难题？

经过多次探讨，我们对图书的编排设计付出了很多努力，也做了很多创新，希望可以全方位地方便读者真正将知识内化成能力，应用到实际工作中。

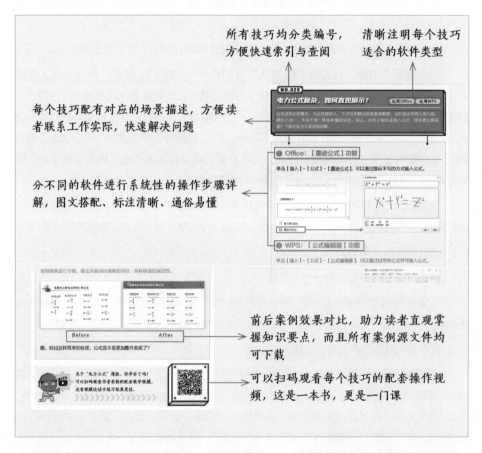

我们特别设有读者交流微信群，本书作者亦会加入该微信群，与各位读者进行交流，并就相关问题进行答疑（入群方式详见封二）。

本书在选题立项阶段也几经波折，因为仅针对电力行业出一本定向的图书，其实也就意味着这本书从主题上就容易失去电力行业以外的读者。我曾跟很多出版社的编辑聊过这本书的策划，但得到的大部分回应都是说这样的选题会很小众，不好做宣发。

所幸最终得到人民邮电出版社的支持，而且有意做成一套书：不只针对电力行业，未来还会出版更多行业分类的PPT图书，涵盖各行各业。也欢迎各行业有志之士前来合作，合作邮件请发至qinyang@ideart.cc，附上您的从业简介资料，我们会联系您。

艾迪鹅创始人　秦阳

01 高效制作篇

02 排版美化篇

03 字体字号篇 >>>>>>

04 图片图标篇 >>>>>>

05 音频视频篇 >>>>>>>>>>>

06 颜色搭配篇 >>>>>>>>>>>

07 动画特效篇 >>>>>>>>>>>

08 表格图表篇 >>>>>>>>>>>>>>

09 内容逻辑篇 >>>>>>>>>>>>>>

⑩ 汇报呈现篇

⑪ 技能竞赛篇

从这里，开启电力PPT的世界！

让PPT从此成为你的

职场竞争力

源于PPT 不止PPT
FROM PPT, MORE THAN PPT

高效制作篇

01

NO.001
去哪里下载高质量的电力PPT模板？ 适用Office 适用WPS

大多数人做PPT时，第一时间总想去找PPT模板，网上的模板非常多，但是质量参差不齐，很多人都有疑问，为什么找不到好看的模板，尤其是自己所处行业的PPT模板。下面就给大家推荐几个高质量的PPT模板网站，帮你找到心仪的模板。

电力PPT模板属于特定行业的模板类型，以下模板网站供你参考。

网站名称	特点	是否免费
OfficePLUS	微软 Office 官方出品，模板质量高，种类多	绝大多数免费
51PPT 模板	个人搭建的平台，有大量模板、素材与教程	绝大多数免费
PPTfans	个人搭建的平台，有大量优质的教程与模板	绝大多数免费
稻壳儿	WPS 旗下的交易平台，种类多，数量丰富	大部分需要会员
PPTSTORE	汇聚国内众多 PPT 设计高手的模板，质量高	需要付费

所有网站都有分类标签与搜索功能，以"稻壳儿"网站为例，如果要搜索电力主题模板，搜索时只需输入电力相关关键词，比如"电力""电网""能源"等。

关注微信公众号【老秦】（ID：laoqinppt），
回复关键词"电力模板"，
即可获取50份电力PPT模板礼包。

50份
电力PPT模板礼包

NO.002

万字文档，如何快速变成PPT？

适用Office 适用WPS

公司临时组织会议，领导让你把上万字的文字文档材料做成PPT，一小时后就要用。如果依次把内容复制、粘贴到PPT中，效率非常低，时间根本来不及。其实无论是Office还是WPS，都可以一键将文字文档转成PPT，下面来了解一下。

❶ Office：【发送到Microsoft PowerPoint】功能

第一步要先找到【发送到Microsoft PowerPoint】功能，这个功能隐藏得比较深，需要提前调出来。

在Word界面通过【文件】-【选项】-【快速访问工具栏】，选择【不在功能区中的命令】，找到【发送到Microsoft PowerPoint】，单击【添加】-【确定】。返回普通视图后，即可在Word界面顶部出现【发送到Microsoft PowerPoint】按钮。

提示：
通过该操作调出此按钮后，下次使用时就不需要重复该操作了。

第二步，打开文字文档，利用大纲视图给文本分级，用于区分每页放置的内容。设置完内容层级后，单击【发送到Microsoft PowerPoint】按钮，即可完成转换。

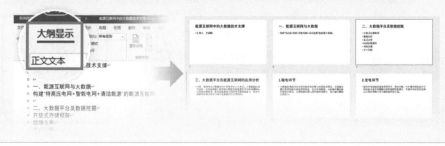

② WPS：【输出为PPTX】功能

WPS一键转换功能，可在WPS官网下载最新版本并且在连接网络的状态下使用。

用WPS打开文字文档，单击【文件】-【输出为PPTX】，弹出新窗口后，选择要输出的位置，最后单击【开始转换】即可完成转换。

WPS不仅能够将文字转移到PPT中，还能自动生成目录与转场页，并且自动套用一个模板样式进行美化。转换后的PPT甚至可以直接用于演示。

瞧，无论是Office或WPS都有特定的转换功能，能够将一份文档瞬间生成PPT，即便文档有上百页，也能够一键转换，大大提升制作效率。

这么好用的功能，如果之前没用过就太可惜了，赶紧动手试一试吧！

文档一键转成PPT，你学会了吗？
可以扫码观看作者录制的配套教学视频，
边看视频边动手练习效果更佳。

NO.003

如何快速美化白底黑字的PPT？

适用Office　　适用WPS

一份白底黑字的PPT如何快速美化？最快的方式就是套模板，在Office和WPS中有着不同的模板套用功能，能够快速完成PPT美化。如果公司的模板比较规范，还可以一键将公司的模板直接套用进来。

❶ Office：【设计】与【浏览主题】功能

单击【设计】选项卡，在主题栏中任意选择一个主题，单击即可快速套用一种主题样式，将白底黑字的PPT快速美化。

单击主题栏右侧的下拉按钮，还可以展开更多微软自带的主题样式，供你选择。如果想要套用公司的PPT模板，可以在展开的下拉面板中单击【浏览主题】，选择公司的PPT模板，单击【打开】即可一键导入。

导入之后，所有页面都会套用幻灯片母版中的母版样式，得到如下效果。

如果原来的PPT模板中有封面页、目录页等版式，套用进来后全部不见了，怎么办？

不用着急，以封面页为例，选中封面页缩略图，单击【开始】-【版式】即可看到模板中已经提前设计好的版式，找到封面页的版式，单击即可完成替换。

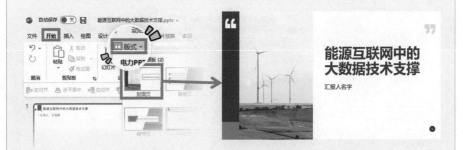

如果PPT中没有目录和转场内容，还可以单击【开始】-【新建幻灯片】，依次插入目录页和转场页并输入相应的内容，几分钟就能轻松完成目录页和转场页。

这里需要特殊提醒，想要一键套用外部模板，那么模板本身的设计必须符合软件的逻辑，如果PPT模板不够规范，没有提前设计好母版，这种方法也会失效。

如何将不规范的模板规范化，在本节配套视频中会为大家详细讲解。

❷ WPS：【设计】与【智能美化】功能

WPS有一套不同的美化逻辑，通过【输出为PPTX】得到一份演示文稿后，如果对默认模板样式不满意，可以单击【设计】选项卡，在下方功能区中选择其他样式。

单击【智能美化】命令，能找到更多WPS内置的模板样式，单击即可预览与应用。

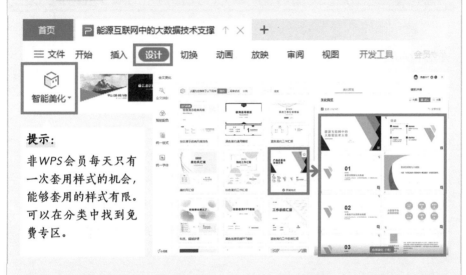

提示：
非WPS会员每天只有一次套用样式的机会，能够套用的样式有限。可以在分类中找到免费专区。

通过【智能美化】功能，就能够快速得到以下美化好的幻灯片，是不是非常方便？

由于书中篇幅有限，关于本技巧的详细操作步骤，可以看视频进一步学习。

一键套用PPT模板，你学会了吗？
可以扫码观看作者录制的配套教学视频，
边看视频边动手练习效果更佳。

NO.004

模板没有Logo，如何批量添加？ 适用Office 适用WPS

在制作PPT时，好不容易找到一个满意的PPT模板，美中不足就是缺少公司Logo（标志），如果想要每页都要添加公司Logo，一页一页地插入会非常麻烦。其实掌握以下这个方法，一键就能给所有PPT添加公司Logo！

单击【视图】选项卡中的【幻灯片母版】按钮，进入母版视图。

设计　切换　动画　放映　审阅　**视图**　开发工具　会员专享

幻灯片母版　讲义母版　备注母版　网格和参考线　☐网格线　☑任务窗格　☐标尺　显示比例

将Logo放至【母版页】合适的位置，所有的版式页就会全部添加Logo。

完成后，单击【幻灯片母版】-【关闭】，回到普通视图，所有页面都有Logo了。

如果想要删掉Logo，只需打开【幻灯片母版】找到Logo，删除后，回到普通视图就可以了，批量添加Logo在Office和WPS软件上的操作步骤是一样的。

一键添加Logo，你学会了吗？
可以扫码观看作者录制的配套教学视频，
边看视频边动手练习效果更佳。

NO.005

没有图片，如何做出一套PPT模板？ 适用Office 适用WPS

在全国电力行业青年培训师教学技能竞赛中，要使用规定的素材，从0到1制作PPT模板，能不能又快又好搞定一套PPT模板呢？当然没有问题，通过基础形状的运用，完全可以轻松做出一份高颜值的PPT模板。

一份完整的PPT模板通常包括以下几类页面。

看似页面类型很多，其实有很多重复页面，比如封面页和结束页版式可以一样，目录页可以改成转场页，内容页只需要设计统一的标题栏即可。

因此，只需要掌握封面页、目录页、内容页三大关键页面即可。

制作方法也非常简单，只需要用基础图形就能完成以下页面的设计。

瞧，通过简单的矩形装饰，一份简约的PPT模板雏形就形成了。

后面只需将页面进行复制，一份完整的PPT模板框架就搞定了。

一旦理解了原理，通过改变形状、数量、位置……就能做出千变万化的模板。

这种模板制作方法，非常适合用在像培训师竞赛这种有时间限制的比赛中，只要足够熟练，十分钟就能快速搞定一套模板，不到一小时就能完成PPT课件制作。

如果此前你没有版式的积累，这里给大家提供了一份版式手册，里面有大量的版式供你选择与参考，只要常备这些版式，就可以解决80%的PPT版式设计问题。

关注微信公众号【老秦】（ID: laoqinppt），
回复关键词"版式"，
即可下载"1000页精选排版手册"源文件。

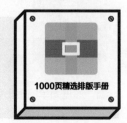

1000页精选排版手册

NO.006

一张图，如何做出一套PPT模板？ 适用Office 适用WPS

市面上的电力PPT模板大多千篇一律，想要自己的PPT模板更独特些，只需要一张图就可以做出一套模板来，尤其是在培训师竞赛时，找到一张合适的图片可以快速做出一套不错的PPT模板，下面一起学习一下吧！

用一张图做PPT模板同样需要先进行封面页、目录页、内容页标题栏的设计。

这3页制作好之后，复制并更换文字即可完成一套PPT模板的设计。

基于职场或比赛的特点，我们避免过度设计，尽可能用少的元素，比如一张图或一些简单的形状素材完成PPT制作，尽量做到简单而不失专业。

关于模板的具体制作过程，可观看本技巧配套视频进行学习。

快速制作一份PPT模板，你学会了吗？
可以扫码观看作者录制的配套教学视频，
边看视频边动手练习效果更佳。

NO.007

如何设置主题字体，提高制作效率？ 适用Office 适用WPS

职场中经常会遇到需要使用规定的字体，但是系统默认的字体通常为宋体或等线，每次插入文本框时都需要修改一次字体，非常麻烦，能不能修改系统默认的字体类别，减少修改的频率呢？当然没有问题，设置好主题字体，好处多多！

通过【设计】-【字体】-【自定义字体】，即可自定义主题字体。

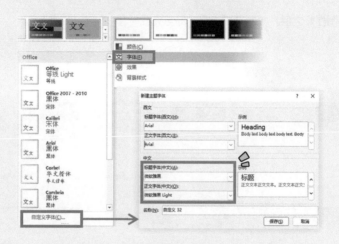

设置好主题字体，当新建文本或PPT时，默认字体就是自己设置好的字体，减少频繁更换字体的时间，即便后期对字体不满意，还可以一键修改。

关于"设置主题字体"，你学会了吗？
可以扫码观看作者录制的配套教学视频，
边看视频边动手练习效果更佳。

NO.008

如何设置默认样式，提高制作效率？ 适用Office 适用WPS

PPT中高频使用的元素是文本框、形状与线条，但系统默认样式未必符合自己的需求，每次新插入时得重新调整，包括文本框字号大小、粗细，形状填充效果与线条粗细等，每次都调整会非常麻烦，其实可以通过设置默认样式，一步到位，下面以形状为例进行介绍。

先插入任意一个形状，调整形状的参数，比如填充效果、描边等。

选中形状后单击鼠标右键，再单击【设置为默认形状样式】，下次再插入形状时，默认效果就是自己设置好的效果，不需要再反复调整了。

WPS中设置默认文本框、形状与线条的命名都是一致的，Office中则有所不同。

WPS 界面与命名	Office 界面与命名		
动作设置(A)…	编辑替换文字(A)…	编辑替换文字(A)…	编辑替换文字(A)…
设为默认形状样式(I)	设置为默认形状(D)	设置为默认文本框(D)	设置为默认线条(D)
动画窗格(M)…	大小和位置(Z)…	大小和位置(Z)…	大小和位置(Z)…
设置对象格式(O)…	设置形状格式(O)…	设置形状格式(O)…	设置形状格式(O)…
插入批注(M)	新建批注(M)	新建批注(M)	新建批注(M)

WPS 界面与命名　　　　*Office 界面与命名*

如果想要取消设置好的默认效果，只需重新设置一个新效果替换旧的效果。

通常来说，在制作PPT之前，可以将默认样式设置好，减少在制作过程中反复重复一样的操作，从而达到提高制作效率的目的。

可千万不要小瞧这些小设置，要提高效率，就要在无数操作中积累经验，每一个操作都比别人更快捷，整体制作效率才能得到大幅提升。

养成好习惯，才能高效办公，赶紧动手体验一下吧！

关于"设置默认样式"，你学会了吗？
可以扫码观看作者录制的配套教学视频，
边看视频边动手练习效果更佳。

NO.009
如何使用排列工具，提高制作效率？ 适用Office 适用WPS

排列工具包含图层调整、对齐、旋转等功能，是制作PPT过程中非常重要的工具，但很多人对其功能不太熟悉，以对齐为例，做对齐时往往通过移动鼠标来实现，效率非常低。用好排列工具中的功能，能大大提升制作效率。下面为大家逐一讲解。

排列属于Office与WPS共有的功能，除了对齐外，其他功能大体相同。

单击【开始】-【排列】即可看到排列工具的所有的功能选项。

模块	功能	作用
排列对象	置于顶层	将所选对象置于其他所有对象的前面
	置于底层	将所选对象置于其他所有对象的后面
	上移一层	将所选对象前移一层
	下移一层	将所选对象后移一层
组合对象	组合	将多个对象结合起来作为单个对象移动或设置其格式
	取消组合	断开组合对象之间的连接，以便可以再次单独移动
放置对象	对齐	更改所选对象在页面上的位置，辅助元素对齐
	旋转	更改所选对象的旋转角度和方向

关于排列工具的应用场景和效果，可观看本技巧配套视频，更加直观。

关于"排列工具"的具体应用方法，
可以扫码观看作者录制的配套教学视频，
边看视频边动手练习效果更佳。

NO.010

如何设置网格或参考线，辅助对齐？ 适用Office 适用WPS

制作PPT时如何校对元素是否对齐，如何确保元素不超出规定区域的范围？如果只是凭感觉经常会有误差，其实可以利用网格线或参考线来辅助对齐。每次在制作前规划好内容区域，还能够保证元素不会超出界定范围之外。

单击【视图】选项卡，在工具区中即可见到【网格和参考线】命令。

● Office可以直接通过勾选复选框来显示或隐藏网格线或参考线。

● WPS可以通过单击【网格和参考线】按钮，在弹出的窗口中勾选复选框调出。

Office 界面   *WPS 界面*

勾选相应的复选框后，就会出现灰色的虚线，如下图效果所示。

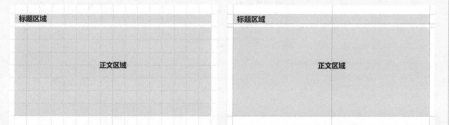

网 格 线 效 果   参 考 线 效 果

对于参考线有一个小技巧，按住【Ctrl】键拖动参考线可以快速复制参考线，如果将参考线拖至画布外就能够将其删除。

关于"设置网格线或参考线"，你学会了吗？
可以扫码观看作者录制的配套教学视频，
边看视频边动手练习效果更佳。

NO.011

如何设置工具栏，提高制作效率？　适用Office　适用WPS

有些功能隐藏得比较深，每次使用时单击会比较烦琐，利用快速访问工具栏能够将高频使用的功能独立放置于功能区上方或下方，使用时可以一键直达，从而起到节约时间、提高制作效率的目的，那么如何设置快速访问工具栏呢？下面为大家详细讲解。

❶ Office：自定义快速访问工具栏

Office的快速访问工具栏功能非常齐全，可以通过如下步骤进行添加。

文件
↓
选项
↓
快速访问工具栏
↓
选择要添加的功能命令
↓
添加
↓
确定

添加完成后，在界面的顶部就能看到已经添加的功能命令。

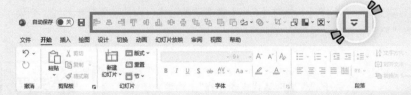

如果想让快速访问工具栏出现在工具区下方，可以单击最右侧的下拉按钮，勾选【在功能区下方显示】即可。

② WPS：自定义快速访问工具栏

WPS的快速访问工具栏功能较少，设置步骤跟Office是一样的。

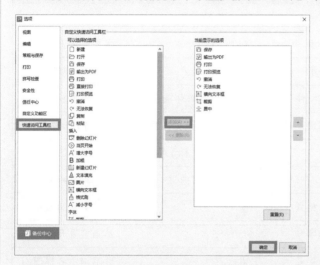

文件
↓
选项
↓
快速访问工具栏
↓
选择要添加的功能命令
↓
添加
↓
确定

添加完成后，可以根据个人习惯将快速访问工具栏放在顶部或底部。

顶部效果 　　　　　　　　　底部效果

关于"设置快速访问工具栏"，你学会了吗？
可以扫码观看作者录制的配套教学视频，
边看视频边动手练习效果更佳。

NO.012

如何使用快捷键，提高制作效率？

适用Office 适用WPS

有些功能通过单击鼠标需要三四个步骤，但是使用快捷键可以一步到位。看似只是少单击了
几次鼠标，但在制作PPT时，有上百次大量重复的操作，此时使用快捷键的好处就完全展示
出来了。那么有哪些常用的快捷键值得学习呢？下面就为大家盘点一下。

PPT 编辑状态下				
Ctrl+A	全选对象	Ctrl+ 拖动对象		复制对象
Ctrl+Z	撤销上一步	Shift+ 拖动对象		水平或垂直移动
Ctrl+Y	恢复上一步	Ctrl+ 拖曳控点		对称缩放对象
Ctrl+S	保存当前文件	Shift+ 拖曳角部控点		等比例缩放对象
Ctrl+D	快速复制选中对象	Ctrl+Shift+ 拖曳角部控点		中心等比例缩放
Ctrl+G	组合对象	Ctrl+ 滚动鼠标滚轮		缩放编辑区
Ctrl+Shift+G	取消组合	↑↓←→方向键		微调对象距离
Ctrl+Shift+C	复制对象格式	F5		从首页开始放映
Ctrl+[	快速缩小字号	Shift+F5		从当前页开始放映
Ctrl+]	快速放大字号	Alt+F5		开启演示者视图
PPT 放映状态下				
Ctrl+H	隐藏鼠标指针	W		白屏
Ctrl+P	使用画笔	B		黑屏
数字 +Enter	指定放映幻灯片	Esc		退出放映

关于"快捷键使用"的具体应用效果，
可以扫码观看作者录制的配套教学视频，
边看视频边动手练习效果更佳。

排版美化篇

02

NO.013

电力PPT封面页，如何美观出彩？ 适用Office 适用WPS

封面是门面，也是给观众的第一印象。根据心理学的"首因效应"，第一次交往中给人留下的印象会在对方的头脑中占据主导地位。一张出彩的封面，能够迅速吸引全场观众的注意力，同时让观众对你后面的演示产生期待感。下面就教大家三招，轻松搞定高颜值PPT封面！

❶ 形状型封面

形状是PPT制作中提升设计感的利器，简简单单的图形就能让页面大不一样。

首先将主标题放大、加粗，让其成为视觉焦点，跟其他内容产生对比，并做好对齐。然后随便插入一个形状，这里以圆形为例，就能轻松做出如下的效果。

瞧，看起来还不错吧！原理一旦理解了，还有更多种玩法。

通常，修改形状的大小、位置、数量、类型，就能收获一大波高颜值封面！

改位置   改数量   改形状

❷ 图形型封面

如果能够找到一张合适的高清图片作为背景，就能极大地增强视觉效果。

在本书的【图片图标篇】会讲解很多图片搜索与处理的技巧，结合后面所讲的蒙版、裁剪、合并形状等功能，能够轻松做出高颜值封面。

③ 表格型封面

很多人对表格的认知只停留在数据表格，其实表格是非常强大的排版工具。

首先，挑选一张高清图片插入幻灯片中，再绘制一个跟图片等大的表格。

剪切图片，再利用【图片或纹理填充】功能，就能够将图片填充到表格中。

利用表格特有的底纹、边框等属性，就能够做出以下PPT封面。

是不是没想到表格原来可以这样用？赶紧动手试一试吧！

由于本书篇幅有限，关于本技巧具体的操作步骤可观看配套视频学习。

关于"电力PPT封面页设计"，你学会了吗？
可以扫码观看作者录制的配套教学视频，
边看视频边动手练习效果更佳。

NO.014
电力PPT目录页，如何美观出彩？   适用Office   适用WPS

目录页主要是为了展示PPT框架和结构。有吸引力的目录，不仅是逻辑框架清晰，而且设计也能让观众一目了然。经过精心设计的目录，能够勾起观众对你展示内容的兴趣。那么，如何才能让你的目录美观出彩呢？下面结合具体案例为你讲解。

❶ 目录页基础美化

目录页的内容通常由以下两部分组成。

- 第一部分是目录或大纲，称之为标题区。

- 第二部分是章节序号、章节标题，这部分称之为内容区。

目录页的设计其实是有规律可循的，可以总结为以下三个步骤。

| 确定方向 ① | 内容排版 ② | 美化设计 ③ |

确定方向

先用色块大致规划出标题区与内容区的位置，最常见的就是左右排版。

| 标题区 | 内容区 |

内容排版

先不考虑配色与装饰，先把目录内容放置到相应的区域，做好基础内容的对齐。

目录

01 新能源发电概念
02 新能源发展现状
03 新能源分类结构
04 新能源政策解读

其实完成了前面两步，目录的大致雏形就已经显现了。

最后一步只需匹配PPT主题的颜色，添加装饰性的英文强化页面对比，再添加分割线条，让内容的划分更加明显，就能做出以下的效果。

瞧，制作也不难吧？

如果只有一个版式，用多了难免显得单调，如何在这个基础上更有变化呢？

❷ 目录页进阶美化

原本的章节序号和标题属于罗列式，可以用色块将其区分出来，做成下面这样。

接下来，就是老规律，改形状、改大小、改位置……

比如，把矩形变成对角圆角矩形、平行四边形或圆形。

对角圆角矩形　　　　　平行四边形　　　　圆形 + 圆角矩形

刚才的目录都是左右排版，如果换成上下排版，又能够做出怎样的效果呢？

此外，还可以改成倾斜排版的效果。

通过不同的排版组合，还能做出更多的排版样式，是不是觉得打开了新世界的大门？

关于"电力 PPT 目录页设计"，你学会了吗？
可以扫码观看作者录制的配套教学视频，
边看视频边动手练习效果更佳。

NO.015

电力PPT转场页，如何美观出彩？ 适用Office 适用WPS

很多人觉得转场页可有可无，事实上，转场页有着大作用！转场页能提醒观众演示进行到哪部分，以便于观众能够迅速调整状态来接收信息。通常来说，转场页包括序号和标题，内容很少，如何做得简约而不简单是个难题。下面教大家三招，轻松搞定转场页设计。

❶ 添加线框

将序号和标题放大，变得更加醒目一点，还可以添加英文装饰，让设计更有层次。

只有纯文字的转场页，做好对齐，效果也不算糟糕，结合线条也能有简约的设计感。

还是觉得单调怎么办？换个背景颜色试试，颜色以整份PPT的主题色为准。此外，线框绝非只能单个使用，还可以将多个线框交融在一起，设计感是不是瞬间出来了？

❷ 添加色块

如果将框线填充了颜色就变成了色块，按照老规律，改变形状、大小、数量、位置，又可以成功收获一大波精美的转场页。

左右排版　　　　上下排版　　　　三分排版

③ 图形并用

前面所讲的案例都是以线框与色块为主，背景难免会显得单调。如果加上一张图片，马上就能让刚才的案例，设计感更上一个台阶。

有了图片与形状的结合，在排版上就能创造出更多的可能性。

上面两个案例你能做出来吗？快去下载素材动手试一试吧！

关于"电力 PPT 转场页设计"，你学会了吗？
可以扫码观看作者录制的配套教学视频，
边看视频边动手练习效果更佳。

NO.016
课程说明页，如何美化设计？

适用Office　适用WPS

课程说明页常见于培训课件PPT，通常包括培训对象、知识目标与技能目标，部分还包括培训时间。由于培训对象与时间内容较少，知识与技能目标内容较多，造成了较大的排版困难。如何搞定课程说明页的美化设计呢？下面教你一个万能美化法——色块规整法。

培训课件PPT不需要追求复杂的设计，只需将内容清晰展示，做到一目了然。

当文字内容长短不一时，排版容易显得混乱，从而信息影响传达，最简单有效的方法就是添加统一的形状加以规整，在视觉上形成一致感。

Before

After

瞧，添加统一的形状进行规整后，视觉上是不是更加整齐了？

形状可以各式各样，排版也可以有所不同，以下的版式你都能做出来吗？

关于"课程说明页"美化，你学会了吗？
可以扫码观看作者录制的配套教学视频，
边看视频边动手练习效果更佳。

NO.017

案例分析页，如何美化设计？

适用Office　适用WPS

培训课件PPT中案例分析页、本章小结页、行动任务页，可以统称为功能页，这些页面出现的目的都是为了让学员停下，进行思考、分析与行动。因此，在设计上最好能够跟正文内容页区分开，让学员看到这类页面就能够开始自主思考，下面教大家一个排版方法——卡片排版法。

模拟现实中的卡片样式，在页面中形成一个独立的区块，作为内容容器。

这种设计手法能缩小版心面积，让视线更加聚焦，当内容较少时不会显得单调。

通过一组案例，直观感受一下。

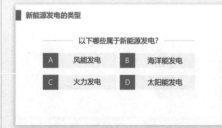

非卡片式排版 - 视线分散　　　卡片式排版 - 视线聚焦

瞧，相比之下右边的案例是不是会显得没那么空洞，视线会更加聚焦？

一旦理解这个原理，就可以衍生出许多种排版样式，比如将多个形状进行组合。

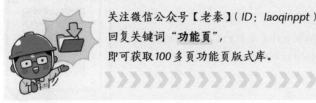
关注微信公众号【老秦】(ID：laoqinppt)，
回复关键词"**功能页**"，
即可获取100多页功能页版式库。

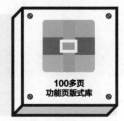
100多页
功能页版式库

系统自带上百种不同的形状，通过不同形状间的组合搭配，可以做出成百上千种不同的排版样式。

比如，模拟现实中广告招牌与对话框气泡，就可以做成这样的卡片。

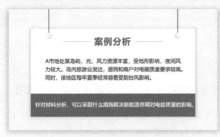

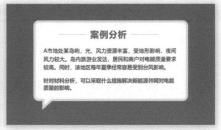

悬挂式卡片　　　　　　　　　对话框卡片

瞧，看起来还不错吧！

如果你想做得更加有创意，有设计感，可以将形状进行拼接变成一个新的形状，或者是添加图片衬底，让画面显得更加丰富、有层次。

现在考一考你，你能看出下面的两个案例，分别是用什么形状拼接而成的吗？

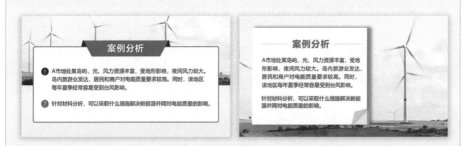

卡片作为一种容器，可以承载各种各样的内容，无论是课程小结、案例分析、行动任务，都可以使用这种排版方法。是不是非常好用，赶紧动手练习一下吧！

关于"功能页"美化设计，你学会了吗？
可以扫码观看作者录制的配套教学视频，
边看视频边动手练习效果更佳。

NO.018

多句型PPT，如何快速排版？

适用Office 适用WPS

电力系统日常工作PPT文字较多，如果不经过任何处理直接堆砌，观众很难一眼看到重点信息，如果想要强调文字重点信息，常规方法就是加粗、加大、换颜色。除了这些方法，还有没有更简单实用的技巧呢？当然有，一起来学习一下吧！

使用"一键转换"功能前，要调整文本层级，将标题设置为一级，正文设置为二级。选中正文，按【Tab】键，此时正文前面会空出两格，依次完成所有正文层级的调整。

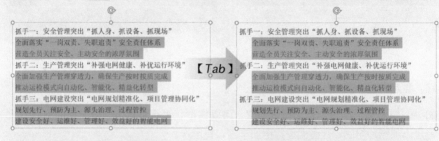

调整完层级后，即可一键排版，Office和WPS软件的操作略有不同，下面分别介绍。

① Office：【转换为SmartArt】功能

选中分好级的文本框，单击【开始】选项卡，再单击【转换为SmartArt】按钮，

在下拉面板中选择一个样式效果，比如"垂直项目符号列表"，单击即可应用。

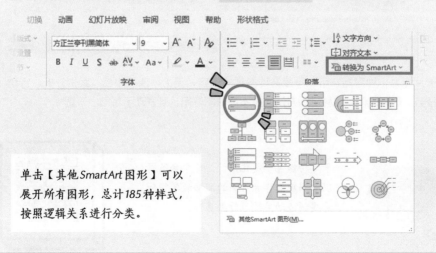

单击【其他SmartArt图形】可以展开所有图形，总计185种样式，按照逻辑关系进行分类。

瞧，一键排版就完成了！

立足科学发展，着力建好坚强可靠电网

抓手一：安全管理突出"抓人身、抓设备、抓现场"

- 全面落实"一岗双责、失职追责"安全责任体系
- 营造全员关注安全、主动安全的浓厚氛围

抓手二：生产管理突出"补强电网健康、补优运行环境"

- 全面加强生产管理穿透力，确保生产按时按质完成
- 推动运检模式向自动化、智能化、精益化转型

抓手三：电网建设突出"电网规划精准化、项目管理协同化"

- 规划先行、预防为主、源头治理、过程管控
- 建设安全好、运维好、管理好、效益好的智能电网

在Office中，如果对默认形状不满意，可选中形状，单击鼠标右键打开右键菜单，单击"更改形状"命令，选择自己喜欢的形状。

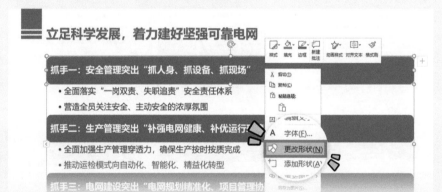

PPT自带上百种形状样式，一个样式就能做出千变万化的效果！

❷ WPS：【转智能图形】功能

选中分级好的文本框，单击【文本工具】-【转智能图形】按钮，选择"垂直项目符号列表"样式，能得到跟前面一样的效果，单击【更多智能图形】还有更多选择。

其他的图形也是宝藏，你知道这些版式是由哪些图形转换而成的吗？

赶紧下载练习素材，跟着配套教学视频，动手练习吧！

快速搞定多字型文字排版，你学会了吗？
可以扫码观看作者录制的配套教学视频，
边看视频边动手练习效果更佳。

NO.019

少字型PPT，如何快速排版？

适用Office 适用WPS

文字特别少的页面，经常只有孤零零的几句话，画面会显得非常单调。那么，面对文字较少的页面，如何才能快速排版，同时避免单调的问题呢？其实利用SmartArt功能就能够轻松搞定。下面以三页文字较少的原稿为例，进行讲解。

先划分内容层级，再单击【转换为SmartArt】-【其他SmartArt图形】，在弹出的窗口中找到匹配的图示，Office能够对基础图示通过修改形状，进行二次优化改造。

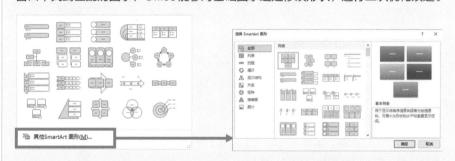

你能看出以下PPT是由哪些基础SmartArt图形改造而成的吗？

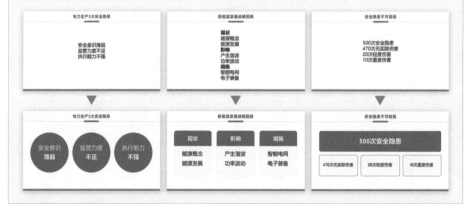

关于"功能页"美化设计，你学会了吗？
可以扫码观看作者录制的配套教学视频，
边看视频边动手练习效果更佳。

NO.020

时间轴PPT，如何快速排版？

适用Office　适用WPS

时间轴经常会用于展示个人发展轨迹、公司发展历史、重要大事件、项目研发步骤等场景。那么，如何才能快速做好时间轴PPT呢？Office软件使用SmartArt功能、WPS软件使用智能图形功能就可以快速搞定，下面以公司发展历程为例进行讲解。

先给文本进行分级，小标题为一级，正文内容为二级。

时间轴属于流程关系，因此，可以在【流程】中选择匹配的图形，一键搞定基础的排版，最后稍加美化就能完成以下效果。

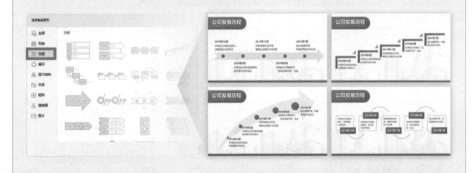

赶紧下载练习素材，跟着操作视频一起动手练习吧！

快速搞定时间轴，你学会了吗？
可以扫码观看作者录制的配套教学视频，
边看视频边动手练习效果更佳。

NO.021

电力组织架构图，如何快速排版？

适用Office　适用WPS

做公司介绍时，经常会遇到各种各样庞大的组织结构图，一旦发生人员变动经常还需要修改。如果要求你绘制一个组织架构图，你会怎么做？一根线条、一个色块绘制拼接？这样太慢了。其实使用SmartArt或智能图形，一键就能搞定组织架构图！

组织内有严格的层级之分，第一步同样先设置内容层级。

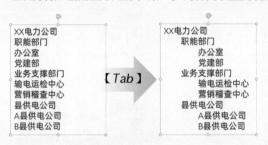

"XX部门"

– 单击一次【Tab】键

"xx部/中心、研究所"

– 单击两次【Tab】键

组织架构图属于层次结构关系，因此，可以在【层次结构】中选择相应的图形效果，单击任意一种样式，即可快速完成组织架构图的制作。

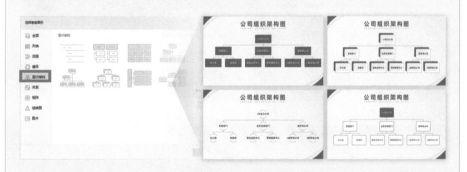

关于组织架构图的修改与调整，可以扫码看详细的视频讲解。

快速搞定组织架构图，你学会了吗？

可以扫码观看作者录制的配套教学视频，边看视频边动手练习效果更佳。

NO.022

一页PPT有多张图，如何快速排版？　　适用Office　适用WPS

制作PPT时经常会遇到多图排版的场景，如果多张大小不一的图片要求你排版整齐，你会怎么做？直接放在PPT里会显得太乱，一张张调整大小、位置、对齐，又太麻烦。其实Office和WPS都有一键搞定多图排版的功能，下面分别介绍。

❶ Office：【图片版式】功能

将图片全部选中，单击【图片格式】选项卡下的【图片版式】按钮，在下拉面板中选择一种样式，比如"蛇形图片半透明文本"样式，一瞬间，所有图片就排版完了！

不同样式能实现不同的排版效果，以下效果你能看出是用了哪种样式吗？

❷ WPS：【图片拼接】功能

将图片全部选中，单击【图片工具】选项卡下的【图片拼接】按钮，选择拼图样式。

此功能需要在连网的状态下使用，它能根据图片数量自动匹配相应的样式且都为矩阵布局，个别样式需要开通WPS会员方可使用。

根据图片数量，选择合适的拼图效果，最后添加文字内容，一页PPT就搞定了！

四张图片拼接　　　　　　　　　六张图片拼接

瞧，是不是非常方便，以后团队介绍、企业介绍、产品介绍等多图排版都不用愁了！

赶紧下载配套练习素材，动手试一试吧！

快速搞定多图排版，你学会了吗？
可以扫码观看作者录制的配套教学视频，
边看视频边动手练习效果更佳。

人工智能，如何快速搞定PPT排版？ 适用Office 适用WPS

你是否曾幻想过，如果直接把图片和文字放到PPT中，凭借人工智能排版，系统能够自动给出几十种版式让自己挑选，那该多好啊！其实Office和WPS早就有这个功能了，下面就为大家展示一下人工智能排版的威力！

❶ Office：【设计灵感】功能

将文字与图片放置到PPT中，单击【开始】选项卡，找到【设计灵感】，在右侧会弹出新窗口，里面有几十种排版效果供你选择，单击即可应用。

做出以下的PPT效果，简直就是信手拈来。

特别提醒，【设计灵感】功能只有【Office 365】才拥有且需要联网才能使用。

【设计灵感】功能会根据内容和图片的数量提供不同的版式，以此解决用户的排版问题。虽然有些效果并不惊艳，但随着后期软件的不断迭代进化，效果会越来越好。

② WPS:【智能美化】功能

把文字和图片放在空白页面中，单击最下方工具栏中的【智能美化】按钮。此时，系统会提供几十种版式供你选择，单击即可预览与应用。

所有版式，所见即所得，单击鼠标就能轻松完成下面的效果。

【智能美化】是一个免费功能且需要连网才能使用，如果你发现自己的WPS没有这个功能，可能是版本太低导致的，可以到官网下载最新版本。

人工智能排版，你学会了吗？
可以扫码观看作者录制的配套教学视频，
边看视频边动手练习效果更佳。

NO.024

安全法规页，如何视觉化表达？

适用Office 适用WPS

电力培训课件中，培训师经常会用规章制度和法律法规来强调课程内容，这时如果有相应的文件可以直接展示。但是如果是在培训师竞赛的场合，主办方未必会提供相应的文件截图，此时，如何视觉化传达安全规章制度等概念呢？其实用好形状，也能轻松模拟。

系统自带上百种基础形状，可以选用跟文件最为相似的形状，如矩形、卷形。

也可以利用基础形状进行拼接，从而模拟规章制度和法律法规的文件效果。

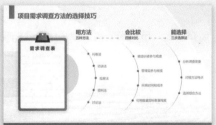

你能看出以上的效果是由哪些形状组合而成的吗？

答案会在教学视频中揭秘，赶紧来看看你猜对了没有。

关于"安全法规页"的具体制作方法，
可以扫码观看作者录制的配套教学视频，
边看视频边动手练习效果更佳。

NO.025

电力公式复杂，如何直观展示？

适用Office   适用WPS

公式结构比较复杂，无法快捷录入，不讲究的做法就是直接截图，这时就会导致出现白底、颜色不统一、字体不统一等各种尴尬场面。那么，如何才能快速插入公式，使其更加美观呢？下面分别为大家详细讲解。

❶ Office：【墨迹公式】功能

单击【插入】-【公式】-【墨迹公式】，可以通过鼠标手写的方式输入公式。

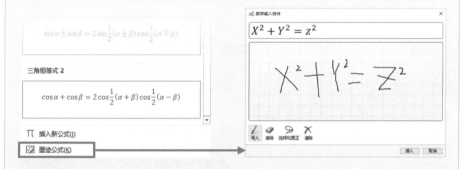

❷ WPS：【公式编辑器】功能

单击【插入】-【公式】-【公式编辑器】，可以通过自带的公式符号输入公式。

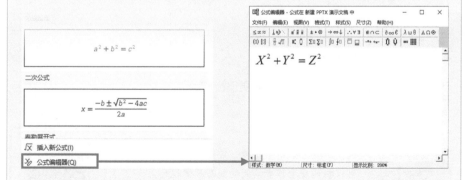

有了这些公式编辑器，即便再复杂的公式也可以轻松插入。那么，解决了公式插入的问题，如何排版才能让公式更加整齐美观呢？下面为大家支上两招。

❸ **色块规整法**

添加统一的色块，通过规整的图形达到视觉整齐的作用。

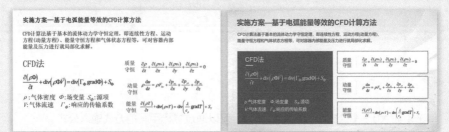

Before

After

添加色块后，不仅能够让画面变得更加整齐，同时也方便不同的内容区分。

❹ **线条规整法**

使用线条进行分割，能让页面保持清爽的同时，具有很强的规范性。

Before

After

瞧，经过这样简单的处理，公式是不是更加整齐美观了？

关于"电力公式"排版，你学会了吗？
可以扫码观看作者录制的配套教学视频，
边看视频边动手练习效果更佳。

NO.026

堆积数据不突出，如何清晰展示？ 适用Office 适用WPS

电力系统汇报PPT经常有大量的数据需要展示，如果只是罗列堆积，数据很可能被忽略。有些数据还包含多重含义，比如同比增长、环比增长，如何将其中的关系更加直观地呈现出来，让别人一眼就理解，下面教大家两招。

❶ 数据提取法

汇报项目时，经常会有带数据的文字段落，此时可以将最能代表业绩成绩、市场潜力的数据抽取出来，单独展示，重点强调。比如下面这份原稿。

> 2021年，幸福使者服务队共计成立18支队伍，注册幸福使者1058名，建立了14个长期志愿服务点。全年开展乡村贫困老人结对、周边环境维护、敬老院服务等842次，公益服务时长达到9924小时，平均每人公益服务时长达9.4小时。明年将持续扩充服务队队伍，投入更多的时间精力至公益事业。

将最核心的数据用简单直观的方式表达出来，让观众一眼看到重点。其他内容可以通过演讲者口述表达。

2021年重点工作完成情况

18支	1058名	14个
成立服务队队伍	注册幸福使者人数	建立长期志愿服务点
842次	9924小时	9.4小时
开展公益活动累计	累计公益服务时长	平均每人公益服务时长

② 图表展示法

有时候数据并非独立，而是蕴含了某种关系，比如下面这份原稿。

> 20XX年公司总收入为23213亿元，其中A地区7544亿元，B地区占6314亿元，C地区占5618亿元，D地区占3737亿元，相比于去年公司总收入22852亿元，同比增长了1.6%。

如果只是提炼数据，但还是无法让观众直观看到数据间的关系。仔细分析文案会发现其中的逻辑关系可以用图表的形式来表达，因此，可以这样呈现。

改成这样是不是直观多了？

如果在不需要特别严谨的场合，还可以用图形代替图表，既清晰又兼顾设计感。

NO.027
荣誉与专利证书，如何美观展示？　　适用Office　适用WPS

为了展示公司实力或个人取得的成绩，经常会将曾经获得的荣誉或专利证书放到PPT中进行展示。由于PPT中既有文字和图片，而且专利证书图片大多为实拍图，放在PPT中容易显得混乱。那么，如何才能更好地展示荣誉与专利证书呢？

荣誉与专利证书展示，通常由荣誉或证书文字描述与证书图片组成。

下面以两个原始案例为例，分别讲解文字与图片有哪些美化的思路。

❶ 文字美化思路：用橄榄枝承载文字

橄榄枝象征着和平与胜利，经常会用来作为展示奖项的载体，一方面能够规整内容，另一方面也能丰富视觉效果，起到装饰性作用。

通常在罗列奖项时将重要的奖项前置，优先放国家级，其次是省级、市级……

对于带有数字的奖项，可以将数据单独提取出来放大展示，起到突出重点的作用。

❷ 图片美化思路：统一规整为主

荣誉与专利证书大多为实拍图，想让画面看起来更整齐，需要特别注意图片大小与对齐。

如果在拍摄过程中不小心将周围环境背景也拍进来，可以通过裁剪将多余的去除。还可以给证书统一添加描边，增强一致感，给背景添加一个色块，丰富视觉效果。

如果觉得画面太呆板，可以用【三维旋转】功能，打破规则的排版，增强设计感。

荣誉与专利证书的排版，你学会了吗？
可以扫码观看作者录制的配套教学视频，
边看视频边动手练习效果更佳。

NO.028

电力截图不整齐，如何整齐展示？

适用Office　适用WPS

PPT中经常需要展示各种各样的截图，如手机屏幕截图、计算机屏幕截图等，把一些截图放到PPT中，由于截图过小，放大后会模糊，又或者是多张手机屏幕截图全部堆积在画面中，会显得缺乏美感。如何更加整齐、美观地展示截图呢？这里教大家三招。

❶ 等距分布法

当有多张截图需要一起展示时，最简单的方法就是利用对齐工具，将其排版整齐。

Before

After

这种排版虽然简单快捷，但中规中矩难免显得有点单调，怎么办呢？

如果不需要让观众看清楚所有截图的内容，可以调整截图大小，错位排版，让画面富有变化和节奏感。

❷ 三维旋转法

借助【三维旋转】功能，能够让图片带有透视角度，增强空间感。

瞧，添加了三维效果之后，设计感是不是增强了不少？

③ 样机展示法

如果想让截图展示更有场景感，可以用匹配的载体来承载，这些载体叫"样机"。

这种素材直接在搜索引擎中搜【电脑屏幕素材】【手机屏幕素材】就能搜到。

关于"电力截图排版"，你学会了吗？
可以扫码观看作者录制的配套教学视频，
边看视频边动手练习效果更佳。

字体字号篇

03

NO.029

电力行业PPT适合用什么字体？ 　适用Office　适用WPS

每款字体都有其特有的气质与使用场景，选对字体能够烘托氛围，为演示加分。电力行业高频使用的风格多是商务、政务、科技，这些风格字体如何搭配呢？下面为大家推荐几种经典字体搭配方案。

❶ 商务风PPT经典字体搭配

主要用于工作汇报、年终总结、公司介绍、产品介绍等场景的PPT制作。

加一道防线 固一份安全
变电站内疏散照明的设计

标题
思源黑体Heavy

正文
思源黑体Regular

THE GRID DEVELOPMENT STUFF
电网发展那些事
主讲人：你的名字　时间：202X.XX

标题
阿里巴巴普惠体H

正文
阿里巴巴普惠体R

Safety Level Improvement Of Secondary Site Operation
二次现场作业安全水平提升
》中期汇报
专业部门　系统运行部　　项目成员　XXXXX　　报告时间　20XX年X月XX日

标题
微软雅黑

正文
微软雅黑Light

② 政务风PPT经典字体搭配

主要用于政务会议、政策学习、党建汇报等场景的PPT制作。

标题
思源宋体Heavy

正文
思源黑体Regular

标题
方正小标宋简体

正文
阿里巴巴普惠体R

标题
方正大标宋简体

正文
华文中宋

标题
演示新手书

正文
微软雅黑

❸ 科技风PPT经典字体搭配

主要用于产品发布会、创新竞赛、峰会演讲等场景的PPT制作。

标题
江城斜黑体900W

正文
江城斜黑体500W

标题
优设标题黑

正文
阿里巴巴普惠体R

标题
庞门正道标题体

正文
阿里巴巴普惠体R

标题
字体圈欣意冠黑体

正文
微软雅黑

NO.030

如何识别陌生好看的字体？

适用Office 适用WPS

当你在浏览网站或打开各种App的时候，又或者在地铁广告牌看到某一个设计的字体特别喜欢，但是又不知道叫什么名字，怎么办？这时只需将字体截图或拍照保存，利用"求字体网"，就能轻松识别陌生字体并下载使用。

以"求字体网"为例，截取想要识别字体的图片，单击【图片】按钮上传字体截图。

按照以下步骤完成操作，系统会提供最匹配的字体结果并且附带下载方式。

上传字体截图
↓
拼接单字笔画
↓
开始搜索
↓
找到最适合的字体
↓
下载字体

对于"识别陌生字体"，还不会操作？
可以扫码观看作者录制的配套教学视频，
边看视频边动手练习效果更佳。

NO.031

如何下载计算机中没有安装的字体？ 适用*Office* 适用*WPS*

计算机系统中自带的字体有限，无法满足所有的制作需求，如果直接在搜索引擎中下载字体，容易下载到各种恶意软件，体验感很差。那如何才能更安心地下载特殊字体呢？下面为大家提供4种常用的方案。

❶ 字体网站下载

这里推荐两个常用的网站"求字体网"与"大图网"，无须注册和登录。

以"求字体网"下载免费可商用的字体【思源黑体】为例。

输入字体名字
↓
搜索字体
↓
下载

❷ 字库网站下载

方正和汉仪的字体，通常只能在各自的官方网站才能下载，大部分字体可以免费下载。

如果是商业用途，需要购买字体使用版权，避免引发版权纠纷。

③ "字体管家"软件下载

"字体管家"中有海量的字体，用户通过该软件可以直接预览字体的效果，字体无须下载到本地，可以一键安装到计算机中，非常方便。

④ "字由"软件下载

"字由"是设计师非常偏爱的一款字体软件，字体种类齐全，可以通过推荐、搜索等方式找到心仪的字体，同样可以预览字体效果，直接单击即可安装到计算机中。

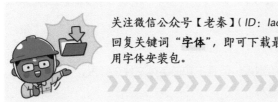

关注微信公众号【老秦】（ID：laoqinppt），回复关键词**"字体"**，即可下载最新免费可商用字体安装包。

免费可商用字体安装包

NO.032

如何安装已经下载的字体？

适用Office 适用WPS

从字体网站下载了字体安装包，但是打开PPT后发现字体还是没有正常显示，怎么办？其实从网站下载了字体安装包后，还需要将字体安装到计算机才会在字体选项卡中显示。如何安装字体呢？有两种方法，推荐给你。

❶ 右键直接安装字体

从网站下载字体，通常会得到一个压缩包，解压后得到字体文件，选择字体文件，单击鼠标右键后选择【安装】即可，安装后重新打开PPT就能看到新安装的字体。

优设标题黑.zip　　　　　　优设标题黑.ttf

❷ 复制到C盘字体库

计算机中的字体有专门的存储库（Fonts文件夹），只需将字体文件复制到该文件夹即可自动安装。

通过单击【我的电脑】-【C盘】-【Windows】-【Fonts】，将字体文件复制进去即可。

反之，如果你想将字体安装包发给别人，但是不知道字体文件在哪里，也可以通过这个位置找到字体文件，复制给别人。

NO.033

用了多种字体，如何快速统一？

适用Office 适用WPS

公司中很多PPT都是协作完成的，如果一开始没有确定规范，每个人都使用了不同的字体，合到一起就会不统一。作为统稿人，现在要把字体全部统一，你会怎么做？如果是选中文本逐个修改会特别烦琐。其实，只要掌握批量修改字体的方法，一键就可以轻松搞定！

❶ 通用方法：【替换字体】功能

单击【开始】-【替换】-【替换字体】，在弹出的对话框中选择要"替换"与"替换为"的字体名称，单击【替换】就能批量把某种字体替换为另外一种字体。

【替换字体】功能每次只能修改一种字体，如果字体种类比较多，可以利用WPS提供的一种方法。

❷ WPS：【统一字体】功能

单击【设计】-【统一字体】，在下拉面板中选择系统提供的字体方案，一键替换。

对于"替换字体"操作没有看明白？
可以扫码观看作者录制的配套教学视频，
边看视频边动手练习效果更佳。

NO.034

领导觉得字太小，如何快速修改？

适用WPS

做完PPT后，领导觉得字太小，看不清楚，要求你将文字全部放大，你会如何改？选中文本逐个放大吗？如果有上百页PPT，仅修改字号可能需要花半天时间，有没有更简单的方法呢，其实利用WPS就可以快速搞定。

单击【开始】-【演示工具】-【批量设置字体】，弹出【批量设置字体】对话框。

提供了替换范围、替换目标、中英文字体类型、字号大小、粗细、颜色等字体设置参数，基本上能满足所有字体修改需求，功能十分强大。设置完成后，单击【确定】即可。

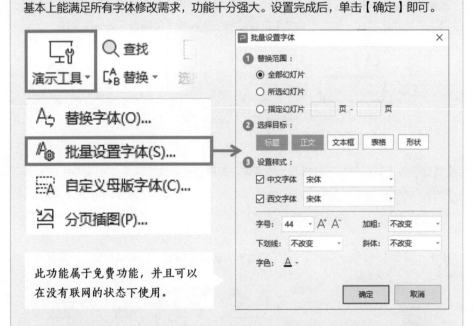

此功能属于免费功能，并且可以在没有联网的状态下使用。

WPS不断摸索用户的使用场景与习惯，持续优化产品的功能与体验，真正做到了"为用户提供超出预期、不可思议的办公体验"，赶紧去体验一下吧！

对于"批量设置字体"操作没有看明白？
可以扫码观看作者录制的配套教学视频，
边看视频边动手练习效果更佳。

NO.035
文本如何处理，更加美观出彩？

适用Office　适用WPS

你有没有遇到过这样的困惑，同样的素材、同样的模板，但是有些人的PPT看起来就是高级，而自己的PPT总是感觉不太美观，归根结底其实是细节把控的问题，正所谓细节决定成败。文字属于排版中高频使用的元素，在排版时，以下4个关键你一定得知道！

❶ 易于识别

一页PPT中，字体种类应控制在2~3种，一套PPT字体种类应控制在2~4种。

在大段的正文中，应优先使用易识别字体，便于阅读与理解。

艺术字体，难以识别　　　　　黑体字体，易于识别

❷ 重点突出

标题文字与正文文字要有明显区分，如大小、颜色、粗细、字体类型等。

但是，正文文字不宜加粗过多，全是重点等于没有重点。

对比太多，失去重点　　　　　对比适宜，重点突出

❸ 文本行间距

对于大段内容的文本，文本之间要留出空间，便于阅读。

默认值为1，推荐改为1.2~1.5，单击【开始】，在段落中找到【行距】，即可修改。

1.0 倍行距，间距过小　　　　　　1.5 倍行距，间距合适

❹ 文本对齐方式

文本对齐方式通常有5种：左对齐、右对齐、居中对齐、两端对齐、分散对齐。

当内容较多，文本长短不一时，推荐使用【两端对齐】，且要避免末行出现零星文字。

文本两端参差不齐　　　　　　两端对齐，视觉规整

细节决定成败，好的排版呈现的不仅是美观，更有助于信息的传递。

对于"文字的处理"操作没有看明白？
可以扫码观看作者录制的配套教学视频，
边看视频边动手练习效果更佳。

NO.036

文字展示太平淡，如何更有创意？　适用Office　适用WPS

你可能听过形状创意、图片创意、排版创意，但是文本框能做出什么创意？其实文本框是经常被忽略的创意利器，只要善用文本框也能制作出很多有创意的PPT。下面为大家介绍3种创意文字的设计方法。

❶ 渐隐字效果

选择一款笔画较粗的字体，在每个文本框中输入一个文字，并将文本设置为渐变填充，调整文字间距，形成叠加的效果，就这样，渐隐字的效果就完成了！

 渐变填充 ➡

对比一下，渐隐文字是不是能提升不少设计感？

普通文字　　　　　　　　　　渐隐文字

这种效果在一定程度上会影响文字的识别，适合用在关键字中，如标题、金句等。

❷ 图文融合字效果

将图片与文字融合，也能做出不一样的视觉效果。下面以"电网安全管理"主题为例进行效果设计。

找到一张电流图片放入PPT并复制到【剪切板】，选中文字后单击鼠标右键，选择【设置文本格式】-【填充】-【图片或纹理填充】-图片源【剪切板】，并勾选【将图片平铺为纹理】。

这样，图片就填充到文字中，实现图文融合的效果，起到文字可视化的作用。

普 通 文 字 　　　　　　　　　　　　图 文 融 合

除了通过【图片或纹理填充】的方法外，还可以利用【合并形状】功能来实现上述效果。

合并形状是Office与WPS共有的功能，隐藏在【形状格式】选项卡中，只有同时选中两个及以上元素才能激活此功能，【合并形状】中有5个命令，下面先解释一下基本原理。

图形示意	文字解释
结合	所选中的对象融合为一体
组合	所选中的对象融合去除重叠部分
拆分	以所选对象重叠处为边界，拆分为多个独立对象
相交	只保留所选中的对象重叠的部分
剪除	去除重叠与后选中的对象，因此先后顺序对结果有影响

插入　设计　切换
编辑形状　合并形状▾

结合(U)
组合(C)
拆分(F)
相交(I)
剪除(S)

如果想要制作图文融合的效果，只需将文本框与图片相交即可。

比如公司年会PPT，为了烘托年会的氛围，除了配上合适的背景图，还可以用金箔纹理素材与文本框相交并添加阴影效果，增强设计感。

普通文字

图文融合

③ 笔画替换效果

利用合并形状功能先将关键词中的局部笔画剪除，找到合适的图标元素，并且将其置入文字笔画内部，比如下面的案例就是利用电的图标来强化电力的感觉。

普通文字

笔画替换

瞧，看起来还不错吧，赶紧下载练习素材，跟着教学视频一起动手练习吧！

对于"创意文字"操作没有看明白？
可以扫码观看作者录制的配套教学视频，
边看视频边动手练习效果更佳。

NO.037

书法字体，如何排版更有气势？　　适用Office　适用WPS

在PPT制作中，书法字体的应用场景非常广泛，比如用在封面页增加设计感，用在金句页来表达磅礴大气、气势豪迈的感觉，但是书法字体与普通字体差异较大，很多书法字体在排版时会显得非常平淡，如何才能让书法字体排版更有气势呢？下面为你一一讲解。

❶ 选好字体

书法字体不需要安装很多，下面推荐一些常用的书法字体。

禹卫书法行书	演示新字书	演示镇魂行楷	站酷鸿远御风体
汉仪尚巍手书	汉仪天宇风行体	字魂71号御守锦书	文悦青龙体

一款好看的书法字体，能够直接从字体本身透露出恢宏大气的感觉。

❷ 错落排版

书法字体字型不一，单独写在一个文本框中难以突出气势，通常在使用书法字体时，都会用单独的文本框来承载文字，通过调整文字的间距、大小、位置来彰显层次。

安全用电　拆分文本 ➡ 安全用电 错落排版 ➡ 安全用电

通过一个案例来对比一下两者的差别。

瞧，错落排版后是不是使画面更有层次，更有气势一些？

如何让错落排版更好看呢？其实也是有排版规律可循的，以下常用排版供你参考。

– 高低低高型 –

– 高低高低型 –

– 强调关键词型 –

③ 添加装饰

完成基础排版后，添加装饰元素，能够进一步增强设计感，常用的装饰如下。

图片装饰

英文装饰

纹理装饰

形状装饰

瞧，使用书法字体做出来的PPT是不是更吸引眼球？

对于"书法字体排版"操作没有看明白？
可以扫码观看作者录制的配套教学视频，
边看视频边动手练习效果更佳。

NO.038

更换计算机后，字体丢失了，怎么办？ 适用Office 适用WPS

在自己计算机上制作PPT时用了很多特殊的字体，但是演示时使用的是其他人的计算机，更换计算机打开PPT后，发现里面的字体丢失了，精心制作的PPT变得一团糟，如何才能避免字体丢失的情况呢？这里教给大家两种常用的解决方法。

❶ 【嵌入字体】功能

如果有条件的话，可以提前在新计算机中将所用到的特殊字体安装好。

如果无法及时安装，可以优先考虑将字体嵌入PPT，也能避免字体丢失。

单击【文件】-【选项】，选择【常规与保存】，勾选【将字体嵌入文件】，最后单击【确定】即可。

Office与WPS都有此功能且操作一致。

❷ 将特殊文字变成形状

如果只有个别的字体无法嵌入PPT，可以将其变成形状。

插入一个矩形，按住Ctrl键，同时选中形状与文本框，单击【格式】选项卡中的【合并形状】，选择【剪除】。

此时文字就变成形状，不会丢失了！

对于"保存字体"操作没有看明白？
可以扫码观看作者录制的配套教学视频，
边看视频边动手练习效果更佳。

图片图标篇

04

NO.039

如何用百度搜高质量的电力图片？

适用Office 适用WPS

很多人要搜图的第一反应就是去【百度】搜索，但问题是用百度搜索到的图片，有时模糊不清，有水印，用在PPT中会影响美观，是百度的图片质量不好吗？其实是你没有掌握用百度正确搜图的方法！下面教你三招正确的搜图方法。

❶ 加关键词法

很多人在搜索时，通常都是直接输入单个关键词，比如"电力风车"，此时系统匹配出来的图片，质量通常都比较一般，而且结果也不是特别精准，筛选难度较大。

但如果多添加一个关键词，改成"电力风车 壁纸"，此时系统需要同时匹配两个关键词，得到的结果也会更加精准，通常能够作为"壁纸"的图片，质量都不太差。

② 条件筛选法

如果你留意过百度的搜索界面，会发现在搜索框下面，有一排高级筛选选项。可以通过尺寸大小、发布时间、颜色等筛选功能，更加精准地找到想要的图片。

如果你想选择一个高清的图片作为背景，可以通过筛选尺寸，直接过滤掉低质量的图片，甚至可以自定义想要搜索图片的尺寸，让搜索的结果更加精准。

如果你想找到一个黄昏时电力风车的图片，也可以通过颜色直接筛选。

瞧，这样搜索效率是不是高多了？赶紧去试试吧！

以上讲的两种方法适合具象化物体的搜索，但在职场中也经常会面临很多抽象化的概念需要表达，比如"稳步提升""争做世界一流的企业"等。

那么，这些比较抽象的关键词，应该如何来配图呢？

③ 联想搜图法

面对抽象的概念经常无法直接搜关键词得到想要的图片，往往需要"翻译"。

以"争做世界一流企业"为例，可以运用发散思维，用哪些事物或场景可以表达？

比如，以"争"字为关键词，可以想到"拳头""攀登"等关键词，以此来搜索。

比如，以"世界一流"为关键词，可以想到"宇宙""帆船""世界地图"等。

到这里或许你就明白了，很多时候你搜不到合适的图片，可能并不是图库的问题，而是搜索的方法与搜索的关键词不对。

只有掌握正确的搜图思维与方法，才能更好地搜到匹配的图片，平时可以做"译图"练习，找到与关键词相关的具象化场景、事物、人物等。

关键词	示例	答案（请自行填写）
团队	狼、军队、碰拳、手叠手、绳子	
电力	电力铁塔、电气设备、能源风车	
安全	安全帽、安全盾牌、安全警示	

NO.040

哪里能找到免费高质量的电力图片？ 适用Office 适用WPS

虽然掌握了如何使用百度搜图，但是搜图渠道还有很多，没有必要执着于一种渠道。在百度中有很多版权归属不明的图片，不要轻易使用。那么，有哪些免费高质量的网站能帮我们搜到更多高质量的电力图片呢？

以【Pexels】网站为例，先让大家直观感受一下这个免版权图库的图片质量。

这个网站最大的特点就是素材全、质量高、免费，唯一遗憾的就是只能用英文搜索。里面的每一张图片都是壁纸级别，画面留白也比较充分，非常适合用在PPT里面。

类似的网站还有很多，下面为大家精选几个优质的图库网站。

网站名称	备注
pixabay	免费可商用，通用型图库，数量多且清晰，但有时会不精准
Unsplash	免费可商用，支持中英文搜索，图片质量高，分类可细化
Stocksnap	免费可商用，支持按主题找图，图片质量高，只能用英文搜索
freepik	部分素材可免费下载，质量高，种类全，商用需要授权

关注微信公众号【老秦】（ID：laoqinppt），
回复关键词"**电力图片**"，
获取100张精选电力人必备的高清图片！

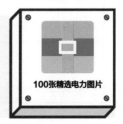

100张精选电力图片

NO.041
找不到合适的电力图片，怎么办？　　　适用Office　适用WPS

工作中制作PPT，尤其是做针对某个特定主题的内容，会发现通用的图片在网上都能搜索到，但是到了自己单位的定向内容时，会觉得图片用时方恨少，很多都没有留下照片，不用担心，没有图片就拍摄图片，用手机相机也能轻松搞定！

在做PPT时，没有合适的图片，常采用的方法就是现场拍摄，其好处是可以拿到最新的一手资料，也减少了搜集图片的时间。

如今手机像素越来越高，如果只是用在PPT中的图片，用手机相机也能轻松搞定。

但在拍摄图片时，有些人会遇到拍完回来，发现漏拍、亮度不够、角度不好等问题。出现这种情况，就需要重新拍摄，如果是距离近的场景或许还简单些，有些需要到变电站等距离较远的地方，无论金钱成本、时间成本都是比较高的。

因此，前期做足准备工作，才能减少返工，一次到位。

❶ 定拍摄需求

在拍摄时，最忌讳的就是有内容，无计划的乱拍摄，这样虽然也可以拍到图片素材，但是前期拍摄会消耗大量时间，而且也可能会出现图片素材用不了的情况。

既然内容确定，拉一个表格，将每页PPT需要的图片素材整理出来，会事半功倍！

拍摄类别	PPT 页面	标准
正面形象照	P3	穿营销人员工服微笑的照片（棚内拍摄）
工作场所外观照	P5	营业厅或其他
工作场所内景照	P8	办公室全景照，需保持卫生整洁
和谐人际关系	P15	穿营销人员工服集体握手的照片
错误着装示范照	P21	灰色工装上衣加牛仔裤或休闲裤的照片
男士站姿	P23	长袖衬衫基础式站姿的照片
鞠躬敬礼	P25	男士衬衫加西裤的三种鞠躬敬礼展示

❷ 选构图方法

三分法

用4条直线，将画面分割成9个相等的方格。左图将小雏菊放在框架线上和交叉点附近，视觉上达到均衡，画面主体鲜明突出。

适合拍摄公司人文、风景图等

对称式

具有平衡稳定的特点，常用在表现对称的物体、建筑等。左图营业厅展示就非常适合对称式拍摄。

适合拍摄局部对称空间，室外作业图等

填满画面

让主体填满画面，周围留很少空间甚至不留空间，有助于聚焦主题，看到主体细节。左图让注意力都观察到递名片动作上。

适合拍摄局部设备、细节图片等

简约主义

拍摄时让画面中所展现的元素尽可能少，能呈现出更加令人印象深刻的视觉效果。左图空旷地面的塔架能快速吸引注意力。

适合拍摄设备全景、室内空间图片等

❸ 查环境光线

在拍摄时，环境的光线要充足，尤其是在室内空间，如果环境光比较暗，建议可以请同事在旁边打开辅助光源，确保拍摄场景亮度合适。此外，拍摄时为了考虑真实性，不要使用手机相机的滤镜功能。

NO.042

下载的电力图片有水印，怎么办？

适用Office 适用WPS

从网络上下载的图片带有水印，如果直接用在PPT中会显得特别不专业，想要删除水印，但是自己又不会Photoshop，怎么办呢？如何不用Photoshop，将图片中的水印删除呢？这里教给大家常用的两种方法。

❶ 裁剪法

如果水印的位置是在边角的位置，在不影响主体的情况下，可以用裁剪功能去除。

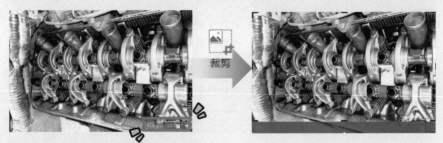

❷ 【稿定设计网站】去水印

去水印的原理与Photoshop类似，但是操作却非常简单，直接用画笔涂抹水印区域即可。

对于"图片去水印"操作没有看明白？
可以扫码观看作者录制的配套教学视频，
边看视频边动手练习效果更佳。

NO.043

Logo有白底，如何将白底去除？

适用Office   适用WPS

在工作中制作PPT常会遇到一种情况，公司Logo有白底，如果放在非白色背景上就会影响排版美观，如何去掉白底？很多人的第一反应是用Photoshop，其实不需要那么麻烦，Office和WPS都能够一键搞定！

Office：选中图片，单击【图片工具】-【颜色】-【设置透明色】。

WPS：选中图片，单击【图片工具】-【设置透明色】。

当鼠标指针变成笔刷形态时，单击图片背景色任意区域，就能轻轻松松将底色去掉。

Office 操作界面

WPS 操作界面

这个功能适用于去除纯色底的图片，包括Logo、剪影、剪切画、证件照等。

对于"去除图片白底"操作没有看明白？
可以扫码观看作者录制的配套教学视频，
边看视频边动手练习效果更佳。

NO.044

电力图片有背景，如何快速抠图？ 　适用Office　　适用WPS

图片有背景，影响排版设计，怎么办？有一种方法就是抠图，将主体抠取出来。提到抠图，很多人的第一反应就是用Photoshop，但是Photoshop门槛比较高，很多人并不会使用。不用担心，其实利用Office、WPS或抠图网站也能搞定复杂背景的抠图。

❶ Office：【删除背景】功能

选中图片，单击【图片格式】-【删除背景】。

紫色表示"要删除的区域"，非紫色代表"要保留的区域"，如果系统识别不够精准，可以用"绿色"或"红色"画笔进行涂抹，最后单击【保留更改】就搞定抠图了。

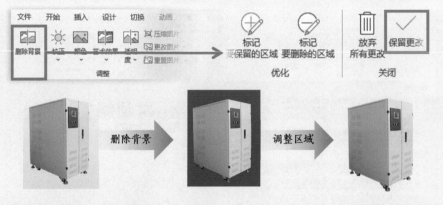

❷ WPS：【抠除背景】功能

选中图片，单击【图片工具】-【抠除背景】，调出【抠除背景】窗口，即可自动抠图。

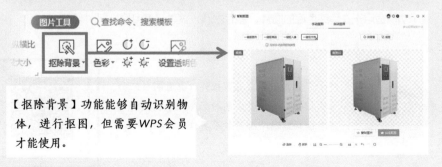

【抠除背景】功能能够自动识别物体，进行抠图，但需要WPS会员才能使用。

❸ 【创客贴】：免费AI智能抠图

只需上传图片，系统能自动识别主体，完成抠图，效果非常好，还可以免费下载。

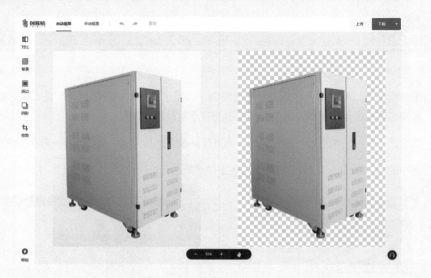

类似的抠图网站还有很多，比如顽兔抠图、Remove等，感兴趣的读者可以了解一下。

将主体抠出来后，PPT背景就可以任意更改，排版设计也更加方便。

Before   *After*

对于"快速抠图"操作没有看明白？
可以扫码观看作者录制的配套教学视频，
边看视频边动手练习效果更佳。

NO.045

图片像素低，又不得不用，怎么办？　　适用Office　适用WPS

工作中难免会遇到图片不清晰，但不得不用的场合，尤其竞赛时，主办方给定了素材，一切关于搜图技巧和选图原则都不适用了，面对清晰度较低的图片，如何处理才能美观又出彩呢？下面教大家一招Office和WPS共有的万能处理方法——裁剪。

图片像素低，强行放大展示，会显得模糊，暴露了图片本身的不足。因此，最好的解决方案就是小图展示，但是如何让小图展示有设计感呢？

答案是：裁剪。矩形图片略显呆板，通过裁剪改变图片形状，能得到不一样的效果。

选中图片，在【裁剪】-【裁剪为形状】中选择圆形，【纵横比】选择1：1。

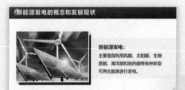

瞧，简单的修改是不是让PPT更有设计感了？

除了圆形外，还有更多形状等待大家去解锁，以下图片效果你能做出来吗？

对于"裁剪"操作没有看明白？
可以扫码观看作者录制的配套教学视频，
边看视频边动手练习效果更佳。

NO.046

图片上线路多，文字看不清，怎么办？ 适用Office 适用WPS

在图片上写字时，大多数人图片处理方法掌握不当，往往会出现这样的困惑：精美的图片与文字配合不但没有相得益彰，反而互相干扰，影响了内容传达，怎么办？如何在不修改图片的情况下，也能让文字更加清晰，这个方法帮你轻松搞定！

你是否遇到过这种情况，图片留白不足加上电网图片本身线路较多，看起来比较乱，无论深色或浅色文字放在图片上都不太好识别。

解决方法很简单，只需在图片与文字中间添加一个半透明的色块，弱化图片干扰。

色块的形状颜色、大小、位置都可以任意更改，符合自己需求即可。

半透明色块也被称为"蒙版"，能够起到弱化图片干扰，增加文字可读性的作用。

不懂"添加蒙版遮罩"如何操作？
可以扫码观看作者录制的配套教学视频，边看视频边动手练习效果更佳。

NO.047

电力图片很杂，如何突出重点？

适用Office　适用WPS

当强调图片中的重点时，大部分人会选择插入红色矩形或圆形边框圈住要着重讲解的地方，但是这种方法未必有效，尤其在面对复杂的电路图或展示设备细节图时效果更不明显。那么，有没有什么好用的方法，能让人一眼看到重点呢？下面教大家两招。

通过下面两个案例，可以发现用线框强调重点的效果并不明显。

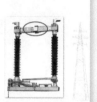

下面就以这两个案例为例进行讲解。

❶ 聚光灯效果

首先在图片上插入一个半透明蒙版，再绘制两个矩形遮盖要强调的区域。

然后选中底部大的矩形，再按住【Ctrl】键选中两个小的矩形，通过【合并形状】-【剪除】，将重叠的区域去除，使局部图片变亮，再添加一层描边。

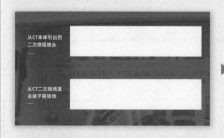

这种效果就像舞台上的聚光灯，所有的目光都会聚集于此。

配合简单的动画，效果更佳！

② 放大镜效果

先将图片复制一份，绘制一个圆形覆盖想强调的区域。按住【Ctrl】键依次选中图片和圆形，通过【合并形状】-【相交】获得局部图片并将图片放大。

如果不想遮挡图片原本的区域，还可以将局部图片放到一旁，并用渐变作为视觉指引。

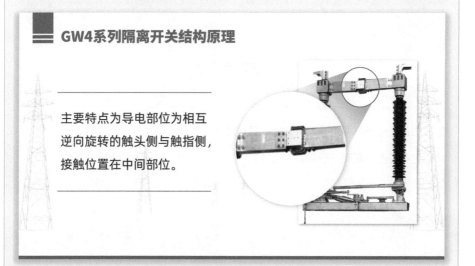

局部放大图片，模拟放大镜效果，就能让人一眼看到重点。

不懂"强调图片重点"如何操作？
可以扫码观看作者录制的配套教学视频，
边看视频边动手练习效果更佳。

NO.048

宽屏PPT，图片不够长，怎么办？　　适用Office　适用WPS

制作PPT尤其是宽屏PPT时，经常会遇到这种情况，好不容易找到了一张跟内容匹配的图片，但由于图片比例和PPT比例不匹配，屏幕较宽，图片较窄且不能随意放大，如果只是把图片放上去又不美观。如何弥补图片的短板，让其完美融合？下面教大家两招。

❶ 渐变遮挡法

如果图片尺寸与屏幕尺寸差异较小，可以利用渐变蒙版进行掩盖，利用从不透明到透明的渐变过渡，将中间的分割线遮挡住，让图片与画面融合在一起。

❷ 镜像复制法

如果图片尺寸与屏幕尺寸差异较大，强行放大会影响主体呈现，怎么办？

可以选择将图片复制一份并将其旋转方向，对称放置，是不是融合得非常好？

镜像复制法非常适合用在超宽屏，赶紧下载练习素材，动手试一试吧！

不懂"图片融合处理"如何操作？
可以扫码观看作者录制的配套教学视频，
边看视频边动手练习效果更佳。

NO.049

如何将上百张照片，快速导入PPT？ 适用Office 适用WPS

在作调研时，拍摄了很多照片，领导要求将照片做成一个用于展示的PPT相册，你会怎么做？打开一页PPT，插入图片，新建一页PPT，再插入图片……可是足足有上百张照片，一张张插入实在太麻烦了。其实可以一键将图片导入PPT！

❶ Office：【新建相册】功能

单击【插入】-【相册】-【新建相册】-【文件/磁盘】，选中想要放入PPT的图片，单击【插入】，设置好相应的效果后，单击【创建】即可。

这样就可以生成一页一张照片的PPT了。

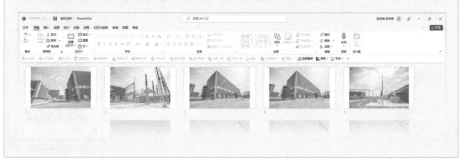

如果最终你想呈现的不是静态的效果，而是一份能够自动播放的电子相册，还可以在PPT中给所有幻灯片添加切换动画效果，并且设置好自动换片时间，就搞定了！

❷ WPS：【分页插图】功能

通过【插入】-【图片】-【分页插图】-选中图片【打开】即可导入所选图片。

利用WPS中的切换动画，也可以让幻灯片实现自动播放，做出动态电子相册的效果。

对于"一键导入图片"操作没有看明白？
可以扫码观看作者录制的配套教学视频，
边看视频边动手练习效果更佳。

NO.050

如何将PPT中的图片一键导出？

适用Office　适用WPS

在网络上下载了PPT模板，模板中有很多优质的图片素材，想要将其保存到本地硬盘，方便下次使用，你会怎么做，一张张另存为图片吗？这样太麻烦了，其实可以一键搞定！下面教大家两招。

❶ 通用方法：改文件后缀名

将PPT文件重命名并将后缀由【.pptx】改成【.rar】，得到压缩包。

用解压软件将压缩包解压，得到一系列文件夹，依次单击【PPT】-【media】文件夹。

电力行业PPT模板.pptx　　2021年年终总结报告.rar　　ppt　　media

此时，你就会发现PPT文件中所用的图片都在这个文件夹里面了。

如果你发现自己的文件没有后缀名，可以通过单击【我的电脑】-【查看】，勾选【文件扩展名】来查看文件后缀。

❷ WPS：【批量处理】功能

任意选中一张图片，单击【图片工具】-【批量处理】-【批量删除/导出】。

弹出新窗口后，勾选想要导出的图片，单击【导出】，选择存储位置即可。

瞧，PPT中所有的图片就被批量导出到本地硬盘了！

这里特别提醒一点，放在"幻灯片母版"中的图片是无法被批量导出的。

WPS除了能批量导出图片，还有很多批量操作的功能，赶紧去试一试吧！

对于"一键提取图片"操作没有看明白？
可以扫码观看作者录制的配套教学视频，
边看视频边动手练习效果更佳。

NO.051

电力图标去哪里找，怎么搜？

适用Office　适用WPS

制作PPT时，经常会用跟内容匹配的小图标来辅助表达观点，让观众更容易理解。如果从百度图库下载图标，通常都是图片格式，不方便修改颜色和二次编辑。那么，如何才能找到可编辑的电力行业小图标呢？下面给大家介绍几个渠道。

❶ Office：【图标】功能

单击【插入】-【图标】，弹出图标窗口，里面已经做好常用图标分类，可以通过标签筛选，也可以输入关键词搜索，单击即可插入。

此功能需要在 Office 2016 或以上的版本并且在连网状态下才能使用。

通过这种方式插入的图标都是矢量格式，可以任意修改颜色，非常方便。

❷ WPS：【图标】功能

单击【插入】-【图标】，在下拉面板中可以看到各式各样的图标并且已经做好常用图标的分类，可以通过标签筛选，也可以通过搜索框查找，单击即可插入。

此功能需要在连网的状态下才能使用，部分图标需要WPS会员才能使用。

❸ 【符号】功能

单击【插入】-【符号】，弹出对话框后在【字体】中选择以下任意一种字体类型："Webdings""Wingdings""Wingdings2""Wingdings3"。

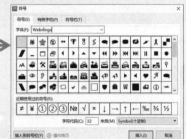

Office 与 WPS 都有此功能，无须网络，但图标数量较少，适合无网络情况下使用。

❹ 阿里巴巴图标库

【阿里巴巴图标库】图标数量、种类、下载格式非常丰富，基本能满足工作所需。

首次使用需登录账号
↓
输入关键词
↓
单击图标，下载
↓
选择图标类型，下载

这里需要特别提醒，PNG属于图片格式，无法自由编辑颜色，SVG和AI属于矢量格式，可以自由编辑颜色，高版本Office与WPS已经支持直接插入SVG格式。

关注微信公众号【老秦】(ID：laoqinppt)，
回复关键词"礼包"，
即可下载1000种矢量图标资源合辑。

1000种图标资源合辑

NO.052

如何使用小图标，让PPT更出彩？ 适用Office 适用WPS

图标是PPT制作中使用频率非常高的元素，如果用得好，不仅能够辅助内容理解，还能作为装饰性元素，让页面设计感迸发。对于新手，只能"照葫芦画瓢"，但对于如何用好图标，还是摸不着头脑！不怕，本节就教大家使用图标的小技巧！

❶ 添加线框/色块

图标形态各异，视觉上容易显得不均衡，这时添加线框是个不错的选择。

无线框   有线框

线框样式可以多种多样，圆形、矩形、菱形……任意形状都可以。

给线框填充颜色就变成了色块，色块的形状和颜色都可以任意更改。

❷ 改变图标颜色/透明度

图标多以纯色为主，想要玩出不一样的创意，可以在配色上有所突破！

如果是矢量图标，可以给图标填充渐变色，让图标更有设计感。

单色渐变   多色渐变

如果图标由多个元素组合，可以取消组合，局部改色或改变透明度，增强设计感。

局部改透明度   局部改颜色

当画面一侧比较空时，还可以放大图标，改变透明度，用来丰富背景。

无图标作背景   有图标作背景

对于"小图标的玩法"还不理解？
可以扫码观看作者录制的配套教学视频，
边看视频边动手练习效果更佳。

音频视频篇

05

NO.053

音视频无法正常播放，怎么办？ 适用Office 适用WPS

很多人经常会遇到这样的情况，插入音频或视频后，无法正常播放，到底是什么原因导致的？绝大多数情况下，是因为多媒体文件格式不兼容，因此，你需要了解常用的音视频文件格式。

以下为Office 2013或WPS 2021，常用且共同支持直接插入的视频与音频的格式。

	文件格式	扩展名
视频	Windows Media file	.asf、.asx、.wpl、.wm、……
	Windows video file	.avi
	Mp4 video	.mp4、.m4v、.mp4v
	Movie file	.mpg、.mpeg、m1v、……
	Windows Media video file	.wmv、.wvx

	文件格式	扩展名
音频	AIFF audio file	.aif、.aifo、.aiff
	AU audio file	.au、.snd
	MIDI file	.mid、.midi、.rmi
	Mp3 Mp4 audio	.mp3、.mp2、.m3u、.m4a
	Windows audio file	.wav
	Windows Media Audio file	.wma、.wax

软件和版本不同，兼容性也会不同。

视频兼容性最强的文件格式拓展名：Office是.wmv，WPS是.mp4。

音频兼容性最强的文件格式拓展名：Office和WPS是.mp3。

在选用视频和音频时最好选择兼容性最强的格式，音视频因格式问题插入PPT后无法播放，也可以利用多媒体文件格式转换工具来解决，详细操作方法见下节视频。

NO.054

如何转换音视频的文件格式？

适用Office　适用WPS

音视频文件格式有问题，可能会导致无法播放，或者是会导致音画不同步等各种问题。如何转换音视频文件格式呢？推荐一个非常好用的多媒体文件格式转换工具——格式工厂。

【格式工厂】是一款免费的多媒体格式转换工具，可以从其官方网站中下载。

启动软件，选择要转换的文件类型和转换格式，并添加文件，即可进行转换。

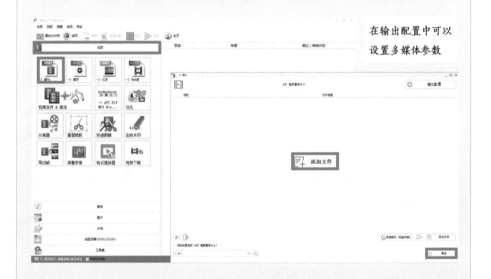

在输出配置中可以
设置多媒体参数

有了这一款工具，就不用担心多媒体文件格式不兼容的问题了！

由于本书篇幅有限，无法呈现具体的操作步骤，详细操作流程可扫码观看视频。

不懂"音视频文件格式"如何转换？
可以扫码观看作者录制的配套教学视频，
边看视频边动手练习效果更佳。

NO.055

PPT要求插入音视频，哪里下载？ 适用Office 适用WPS

公司年会领导安排要找合适的音视频配合舞台效果，我们知道好的音视频可以为舞台加分，那么上哪里找音视频呢？大多数人会首先想到用百度搜索，但是会发现有很多广告链接，而且还保证不了音乐品质。那么，哪里才能下载高质量的音视频呢？

① 音频下载通用方法

用在PPT中的音频可以分为两类，一类是"音效"，另一类是"音乐"。

音效是指由声音所制造的效果，常指时间比较短的环境音，如雷声、掌声、哈哈声等，主要作用是增加场景的真实感和烘托气氛。

音乐也称为伴乐或配乐，常用于影视剧或公共场合所播放的乐曲或歌曲，主要作用是增强情感表达和调节气氛。

网站名称	特点
Icons8 Music	音乐素材库免费下载 / 数量丰富 / 分类齐全 / 网页端支持试听
爱给网	音效与音乐丰富齐全 / 网页端支持试听 / 免费下载使用
网易云音乐	部分音乐可免费下载 / 搜索简便
QQ音乐	部分音乐可免费下载 / 搜索简便

② WPS音频下载：稻壳音频

单击【插入】-【音频】，在稻壳音频中可以根据分类或输入关键词，搜索音乐或音效。

❸ 视频下载通用方法

用在PPT中的视频大致可以分为两类，一类为"纪实视频"，另一类为"背景视频"。

纪实视频指的是新闻报道、采访等视频，这些视频可以从视频网站中搜索，比如优酷、爱奇艺、腾讯视频、哔哩哔哩等，如果是官方报道可以从官方网站当中获取。

背景视频主要用于烘托PPT的氛围，比如倒计时视频等，可以从特定网站搜索。

网站名称	特点
Free Stock Video Footage	影片素材免费下载 / 分辨率普遍较高
The Stocks2	免费视频网站合集 / 数量多质量高
Wedistill	影片素材免费下载 / 分类明确
摄图网	数量多 / 资源全，但下载需要会员

以Free Stock Video Footage视频网站为例。

该网站中有大量的视频素材，可以通过标签或搜索框进行搜索，能直观地看到视频预览图。单击任意一个视频可以进入详情页，能够看到视频的时间、尺寸及下载方式。

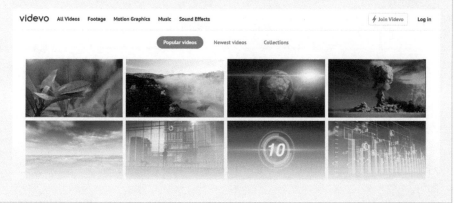

对于"音视频搜索与下载"还不理解？
可以扫码观看作者录制的配套教学视频，
边看视频边动手练习效果更佳。

NO.056

音视频太长，只要中间30秒，怎么办？ 适用Office 适用WPS

做PPT时需要插入特定的音视频，对于3分53秒的素材，只要中间的30秒，怎么办？虽然狸窝、格式工厂等软件都能裁剪音视频，但都需要额外下载软件。其实不需要借助其他软件，在Office和WPS中就可以对音视频直接进行裁剪，下面以音频为例，教你如何轻松搞定！

单击选中插入的音频，进入【音频工具】，单击【裁剪音频】，弹出对话框。

如果要截取某个片段，可以先拖动"开始/结束标记"到相应位置，单击"微调按钮"进行微调，也可以在左右两侧的时间框中直接修改数字。

如需检验截取的是否准确，可单击"区间播放"，确认无误单击【确定】即可。

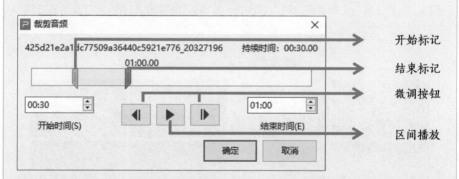

对于已经截取的音频，如果想再增加10秒，只需单击【裁剪音频】并重新调整位置即可。

不懂"音视频时长裁剪"如何操作？
可以扫码观看作者录制的配套教学视频，
边看视频边动手练习效果更佳。

NO.057

如何翻到某页，让音乐自动播放？ 适用Office 适用WPS

在企业中制作培训课件或参加演讲比赛时，需要用背景音乐来烘托气氛，往往脑海中已经有了最佳设想，比如讲到第2页开始播放背景音乐，在第5页停止，看起来是不是还需要进行时间设置，其实并不需要，简单的设置就能轻松搞定。

❶ Office操作方法

将音频插入第2页并选中，单击【播放】-【在后台播放】，取消勾选【循环播放】。

再单击【动画】-【动画窗格】，在动画窗格中用鼠标右键单击音频，选择【效果选项】，将【停止播放】功能区中的"999"改为"4"，单击【确定】完成设置。

请注意，页数计数不是从PPT起始页算起，而是从要设置的页数开始，如第2～5页播放音乐，这里需填写"4"。如第2～10页播放音乐，则需要填写"9"。

❷ WPS操作方法

将音频插入第2页并选中，单击【音频工具】，设置跨幻灯片播放至第5页停止。

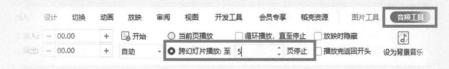

不懂"设置音乐播放页数区间"如何操作？
可以扫码观看作者录制的配套教学视频，
边看视频边动手练习效果更佳。

NO.058

如何让视频全屏播放？

适用Office　适用WPS

有时候为了兼顾到视频素材与文字注释，经常会把视频缩小放置在页面中，但是在演示时，如果视频不能全屏播放，后排观众看不清楚。如何才能让视频在未播放时缩小展示，在播放时全屏播放呢？其实很简单，一起来学习吧！

❶ Office操作方法

选中视频文件，单击【播放】选项卡，勾选【全屏播放】即可。

如果想切换到该页面自动播放视频，可将【开始-按照单击顺序】改成【自动】。

❷ WPS操作方法

选中视频文件，单击【视频工具】选项卡，勾选【全屏播放】即可。

Office与WPS的操作方法大体相同，更详细的参数设置可观看本技巧的教学视频。

不懂"视频全屏播放"如何设置？
可以扫码观看作者录制的配套教学视频，
边看视频边动手练习效果更佳。

颜色搭配篇

06

NO.059

如何让配色与Logo颜色一致？

适用Office　适用WPS

配色是设计中比较让人头疼的命题。如何做到配色不出错？最安全的方法就是使用Logo的颜色。Logo是一家企业综合信息传递的媒介，包括图形和颜色，使用该颜色虽然无法让你的配色多么惊艳，但至少不出错。那么，如何才能让配色与Logo颜色一致呢？

选中形状，单击【绘图工具】-【填充】，在下拉面板中找到【取色器】，当鼠标指针变成吸管时，移动到想要吸取的Logo颜色处，单击即可应用。

在 WPS 2016 或 Office 2013 及以上的版本中才有该功能。

取色器虽好用，但对版本有要求，万一使用的软件版本比较低，没有取色器，该怎么办？可以用截图工具，在截图状态下将鼠标指针移至Logo处，会显示该处颜色的RGB值。

单击【绘图工具】-【填充】-【其他填充颜色】-【自定义】，颜色模式选择【RGB】，然后在下方输入RGB值，就可以得到跟Logo颜色一致的颜色。

不懂"取色器"如何使用？
可以扫码观看作者录制的配套教学视频，
边看视频边动手练习效果更佳。

NO.060

如何将颜色变成企业的Logo颜色？ 适用Office 适用WPS

我们经常会遇到这样的情况，做完一套PPT，领导看完觉得颜色不满意，要求你把所有颜色改掉，如果选中文本、形状、线条一个一个地修改，可能半天都改不完。但只要前期制作时注意操作规范，借助主题颜色功能一键搞定！

领导要求将红色系改成蓝色系

❶ Office操作方法

单击【设计】-【变体】-【颜色】能看到系统默认的配色方案，单击任意一组颜色搭配，即可替换颜色。

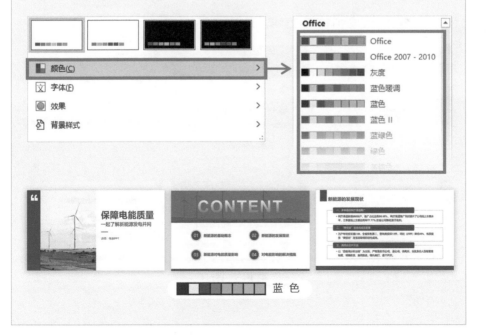

蓝色II

当然，除了默认配色方案外，还可以单击【自定义颜色】，将企业Logo的颜色设置到主题颜色方案中，这里以两家电网公司的Logo颜色为例。

通过以上操作能完成所有的颜色替换，效率非常高。

案例效果

案例效果

② WPS操作方法

单击【设计】-【配色方案】能看到系统提供的配色方案，可根据分类进行选择。

单击【自定义】也可以根据Logo颜色，自行搭配颜色，并记录配色方案。

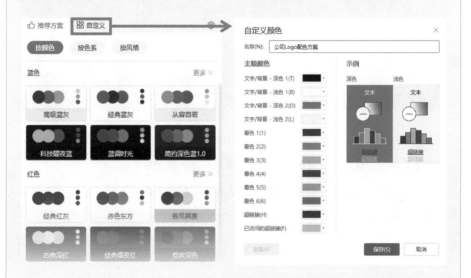

一旦设置好主题颜色，不仅方便后续快速批量修改颜色，当你在做PPT时，新插入形状或图表就会默认使用你所设置的主题颜色，不需要反复修改默认颜色。

关于自定义颜色的换色原理与具体操作方法，可观看本技巧的教学视频。

对于"一键替换颜色"操作没有看明白？
可以扫码观看作者录制的配套教学视频，
边看视频边动手练习效果更佳。

NO.061

主色调选用logo颜色，如何配色？ 适用Office 适用WPS

很多人都知道可以使用公司Logo颜色作为PPT的主色调，但是整份PPT只用一种颜色，难免会显得单调，随意选择颜色搭配，又会不协调。如何在公司Logo颜色基础上，搭配出好看的颜色呢？下面为大家讲解。

下面看两个原始案例，先从配色角度来分析一下，问题到底出现在哪里？

抛开排版的问题先不讨论，如果单从配色角度分析，有两个可以优化的地方。

- 背景色暗沉：使用了大面积绿色作为背景色，颜色缺乏层次感。
- 配色跨度大：使用了色调跨度太大的颜色作为搭配，差异太大。

那么，到底该怎么办呢？只需要学会一个方法与一个原则。

❶ 找主色的同频色

在一份PPT中使用面积最大并且持续使用的颜色，我们称之为"主色"。本案例中绿色就是主色。

如果画面中只有一种主色的话，容易让PPT看起来单调，画面缺少重点和层次。为了有效地解决这个问题，于是就有了"同频色"这个概念。

同频色与主色是在色相、亮度或饱和度上数值相近的一组颜色。通俗一点来说，和原来颜色相近的颜色，就是这个主色的同频色。

主色调
取自Logo颜色

同频色
主色相近的颜色

那么主色的同频色怎么找呢？有两种常用的方法。

方法❶：借助配色网站寻找同频色

进入【Adobe Color】网站，在网站左边的【套用色彩调和规则】中选择【类比】。

在网站下方的中间颜色下输入主色的RGB数值或十六进制值，即可生成它的同频色。还可以拖动上方色盘选取颜色的圆点，选取自己想要的颜色搭配方案。

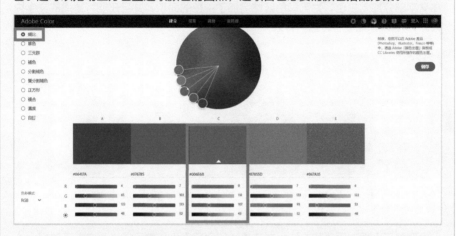

方法❷：使用iSlide插件制作同频色

不同深浅色调的同频色，推荐使用iSlide插件的【补间】功能。

准备两个色块，一个填充为主色，一个填充为比主色更亮的颜色。选择这两个色块，单击【补间】，补间数量选择4，单击【应用】，即可补出中间的若干同频色。

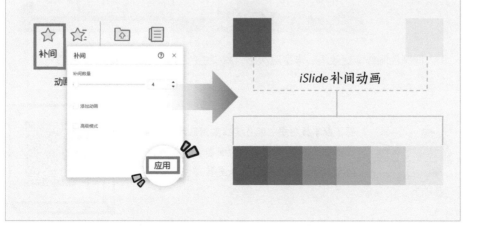

② 减少主色面积

若Logo的颜色不好配色，可以降低有色面积在画面中的比例。

像下方两个案例，如果将比较暗的主色铺满全屏或占据大部分区域，会显得比较沉闷，缺乏层次，为了解决这样的问题，可以加入黑白灰来对画面进行调和。

在文字部分加入主色，为无彩色区域增加了主色的面积，并且还能将重点的文字内容区分开来，让信息传达更有效。

缺乏层次感　　　　　　　　有层次与重点

一旦理解了上面的原理和方法，本节最初的原稿案例，就可以修改成以下效果。

引入同频色制作渐变效果，丰富层次感，减少主色面积，加入白色，增加透气感。

想了解本技巧中"配色实战案例修改"的操作，可以扫码观看作者录制的配套教学视频，边看视频边动手练习效果更佳。

NO.062

如何让PPT背景更加丰富、出彩？ 适用Office 适用WPS

大多数职场汇报用的PPT，背景可能都是白色，白色比较干净，能够更好地呈现内容，但是一旦处理不好就会显得非常空洞与单调。如何让PPT背景更加丰富，让PPT更有设计感？下面几种PPT背景类型，你一定要知道！

❶ 浅色背景

浅色背景适合用在播放环境较亮的场合，常见于工作汇报等场景。为了避免白色背景单调，可以选择跟主题色相近的浅色作为背景，丰富视觉效果。

如果觉得纯色太生硬，还可以设置成浅色渐变的效果，让过渡更自然。

只需浅浅的渐变，就能让画面的效果截然不同，渐变角度可以根据需求进行调整。

❷ 深色背景

深色背景适合用在播放环境较暗的场合，相对于浅色底，深色底更容易有品质感和设计感，能很大程度缓解画面单调，经常会用在创新比赛、科创论坛等场合。

③ 图片背景

图片本身内容比较丰富，通过添加半透明色块弱化后，作为背景也能缓解画面单调。无论用在浅色底或深色底都非常适用。

浅色纯色背景 浅色图片背景

深色纯色背景 深色图片背景

关于"背景的选择"还不理解？
可以扫码观看作者录制的配套教学视频，
边看视频边动手练习效果更佳。

NO.063

如何让电力PPT的配色有层次感？ 适用Office 适用WPS

大多数电力人在制作PPT时，由于不懂得配色的技巧，担心犯错，使用颜色时通常比较保守，通篇使用一种颜色，导致页面颜色单调乏味。那么，如何才能让PPT配色更有层次感？这里推荐3种配色利器。

❶ iSlide色彩库

iSlide 插件的【色彩库】包含了上百种现成的颜色搭配，可以按照颜色类别、行业属性、颜色种类做筛选，直接使用成熟的配色方案，能够让你少出错。

比如，在筛选中【色相】选为绿色，【行业】选为工业，就能使用以下的色彩搭配。

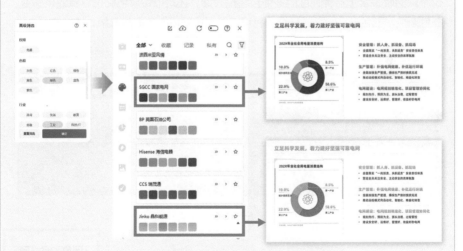

❷ Adobe Color：一键生成配色方案的工具

打开网站选择【类比】，单击下方第一个色块输入RGB值，即可得到相邻的颜色。

电力蓝色系 *Logo* 色配色方案 ▶

电力红色系 *Logo* 色配色方案 ▶

❸ uiGradients：现成的渐变色方案库

这个网站收录了上百种现成的渐变色搭配方案，还可以按颜色筛选，有双色渐变、三色渐变、四色渐变，单击任意颜色可实时阅览颜色的色值与效果，非常方便。

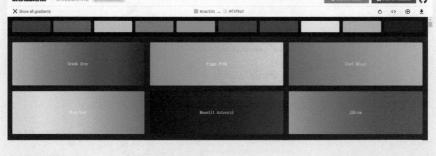

对于"颜色搭配工具"不会用？
可以扫码观看作者录制的配套教学视频，
边看视频边动手练习效果更佳。

动画特效篇

07

NO.064

动画的基本功能，你都知道吗？ 适用Office 适用WPS

好的动画能够为演示加分，但是当自己为PPT添加动画时，面对复杂的动画设置往往不知道从何下手。动画出现速度有时快、有时慢，动画出现形式有时需要单击、有时自动出现。如何设置动画以便更好地掌握动画节奏，关键是弄懂以下5种参数，下面以WPS为例。

❶ 添加动画：为元素添加组合动画

想给对象添加动画，只需选中对象，通过【动画】选项卡直接单击想要添加的动画效果即可，单击下拉菜单还能看到更加丰富的动画效果。

这样添加动画的方法虽然简单快捷，但是当需要给同一个元素添加多个动画效果时，单击一个新的动画就会取代之前旧的动画效果。

因此，想添加组合动画，可以通过【动画】-【动画窗格】-【添加效果】来添加。

❷ 动画属性/文本属性：设置动画出现方向与形式

添加动画后会使用系统自定义的形式，如果想修改动画出现方向，可以通过【动画】-【动画属性】来调整；如果想让文本整段或逐字播放，可以在【文本属性】中调整。

不同动画效果不同，这里以【擦除】为例。

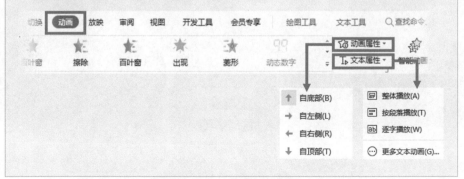

❸ 开始播放：设置动画开始形式

【开始播放】是控制动画节奏的关键，一共有3个选项，具体含义如下。

▷ 开始播放：

单击时 | 单击时
| 与上一动画同时
| 在上一动画之后

【单击时】：单击鼠标才会开始播放动画。

【与上一动画同时】：与上个动画同时播放。

【在上一动画之后】：上个动画播放完自动播放下个动画。

❹ 持续时间/延迟时间：设置动画播放时间

动画出现的速度与呈现的时间，主要由持续时间和延迟时间来控制，具体含义如下。

🕐 持续时间： 00.50

⏳ 延迟时间： 00.00

【持续时间】：动画播放时长，时长越长，播放速度越慢。

【延迟时间】：上一个动画播放开始XX时间后，下一个动画才会播放。

❺ 动画窗格：控制动画播放顺序

动画窗格 ▾   ⌂ ✕
🔍 选择窗格

动画窗格
✎ 更改 ▾   ⚡ 智能动画 ▾   🗑 删除

修改：擦除
开始： 🖱 单击时   ▾
方向： 自底部   ▾
速度： 非常快(0.5 秒)   ▾
1 | ☆ 文本框 14：简单几何通用PPT...

单击【动画】-【动画窗格】可以在右侧打开窗格。

在动画窗格中可以看到所有添加好的动画，而且可以在这个窗格中进行编辑，包括添加动画、更改动画等。

更重要的是可以调整动画播放的顺序，掌握节奏。

Office与WPS的动画功能基本差不多，由于篇幅所限，详细功能介绍可观看本技巧的配套视频。

关于"动画基础设置"的操作演示，
可以扫码观看作者录制的配套教学视频，
边看视频边动手练习效果更佳。

NO.065

如何用动画让电力PPT整体更连贯？ 适用Office 适用WPS

PPT内容是以页为单位进行展示的，但有时会出现内容太多的情况，一页容纳不下所有内容，不得不拆分为多页。此时如何保持PPT换页时的连贯性，而不产生割裂感呢？下面推荐两种切换动画的效果。

❶ 推入动画

推入动画属于切换动画，可以沿着视觉方向自然地将PPT推入视野。

❷ 平滑动画

平滑动画的切换功能非常强大，能将有强连续性的两页内容和设计连贯切换。

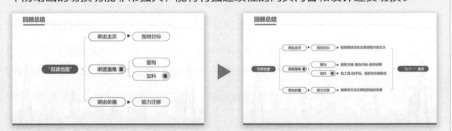

考虑到动态效果受限于本书纸媒无法演示，建议打开配套素材，结合操作视频学习。

关于"用动画让整体连贯"的操作演示，
可以扫码观看作者录制的配套教学视频，
边看视频边动手练习效果更佳。

NO.066

如何用动画让内容表达有先后顺序？ 适用Office 适用WPS

在步骤、流程、时间轴等页面中，内容表达有先后顺序之分，通过动画让页面内容有序出现，能够引导观众紧跟演讲节奏，同时也避免了所有内容一起出现导致信息过载，不知道看哪里。那么，如何用动画让内容的表达有先后顺序呢？下面教大家3种常用的动画效果。

① 淡化动画

淡化动画能够使文字或对象淡入淡出视野，有助于演示者掌握演讲节奏，动画效果又不会过于花哨，喧宾夺主。因此，在演示中使用的频率非常高。

② 浮入动画

浮入动画能从指定方向通过渐变的方式慢慢出现，效果比较自然，适合应用在话题讨论、头脑风暴、多个要点接连出现的场景。

③ 擦除动画

擦除动画能从指定方向擦出文字或对象，适合用在带有一定方向指引的设计中，能够起到引导观众视线的作用。

关于"用动画表达顺序"的操作演示，可以扫码观看作者录制的配套教学视频，边看视频边动手练习效果更佳。

NO.067

如何用动画强调电力PPT上的重点？ 适用Office 适用WPS

在PPT中对重点进行强调时，通常会选择使用改大小、改颜色等方式，但是相比于静态内容，动态效果更能够引起观众的注意力，使用动画进行行动静对比，能获得更强的突出效果。那么，如何用动画突出重点呢？下面给大家推荐3种常用的动画。

① 缩放动画

当需要表达审核通过、好评如潮、重点难点、品质保证、官方认可等概念时，可以使用缩放动画模拟盖印章的效果，从而起到突出重点的作用。

② 陀螺旋动画

陀螺旋动画能够使文本/图形围绕自身为中心旋转，适合用在带圆形的设计中。比如想要强调"配用电领域"，就可以让第二部分的圆形旋转起来，吸引视线。

③ 脉冲动画

脉冲动画就是类似圆圈向外扩散的效果，能够局部放大图形，从而起到强调作用。比如想要强调"交通领域"，就可以让其如脉搏般跳动起来，进行强调突出。

关于"用动画强调重点"的操作演示，可以扫码观看作者录制的配套教学视频，边看视频边动手练习效果更佳。

NO.068

软件版本不同，如何避免动画无法播放？

适用Office

使用较高版本的PPT制作软件，如Office 365，添加了许多切换动画、页面动画效果，但是在实际演示时发现播放的计算机中安装的软件版本较低，如PowerPoint 2010，或者播放软件为WPS，如何确保动画能够正常播放呢？以下注意事项需要知道。

单击PowerPoint中的【文件】-【信息】-【检查问题】-【检查兼容性】，可以快速预览早期版本不支持的功能、原因与所在的页数。

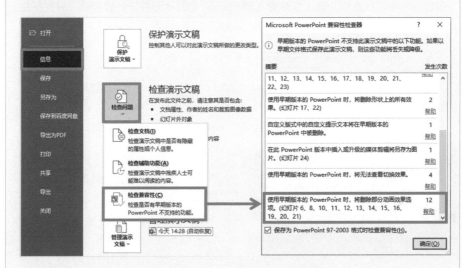

根据兼容性检查器提示的内容，有几个可以预见的动画问题。

- PPT 嵌入视频，在 PowerPoint 2010 或以下版本中播放会变成图片无法播放。

- PowerPoint 2013及以上版本部分切换动画，在 PowerPoint 2010 版本或以下版本中播放会丢失。

- 用高版本制作的动画，在版本过低的软件中播放时会无法播放。

遇到因软件版本导致的动画问题，除非更换播放软件版本，否则很难一步修改到位。

最保险的方案是尽可能选用基础的切换动画与页面动画，如"淡入淡出""擦除"。

在制作初期也可以提前了解播放软件及版本，提前规避风险。条件允许的情况下，可以用最终演示软件完整演示一遍，避免出现动画无法播放的情况。

NO.069

如何一键清除PPT中的动画？　　适用 Office　适用 WPS

辛辛苦苦给PPT添加了动画，由于演示时间不充裕或其他因素，需要去掉PPT中所有的动画效果，动画那么多，如果一页页删除动画太麻烦了，有没有更加省时省力的方法呢？有两个方法可以轻松搞定！

❶ Office：【放映时不加动画】功能

在Office中可以直接勾选【放映时不加动画】，此时动画并没有被删除，只是在放映时不会自动播放，如果想恢复动画，只需取消勾选即可。

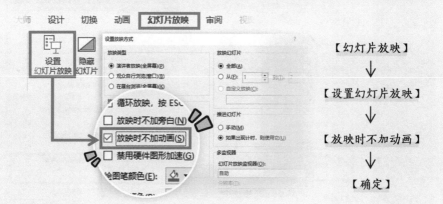

❷ WPS：【删除动画】功能

WPS中删除动画的方法更为简单，单击【动画】-【删除动画】就能看到有多种删除动画的方式供你选择，一旦删除后，动画无法恢复，可视具体情况选用。

表格图表篇

08

NO.070

电力PPT中表格数据多，怎么排版？ 适用Office 适用WPS

电力生产管理PPT经常有很多数据，需要借助表格来呈现，然而一般来说表格都是从其他地方直接复制、粘贴到PPT，没有做二次优化，表格看起来非常凌乱、缺乏重点，如何才能让表格看起来更加简洁直观呢？下面，四步教你搞定表格美化！

下面以业务报装数据表格为例，分析原稿存在的问题。

第一季度指标，A公司遥遥领先

序号	单位	申请容量（万千伏安）	接电容量（万千伏安）	接电容量完成率（%）
	公司	39.36	30.95	78.63%
1	A公司	0.16	1.09	681.25%
2	B公司	1.04	2.02	194.23%
3	C公司	0.18	0.27	150.00%
4	D公司	0.36	0.41	113.89%
5	E公司	1.98	2.22	112.12%
6	F公司	1.81	1.88	103.87%
7	G公司	4.94	5.02	101.62%
8	H公司	0.77	0.76	98.70%

以上表格反映了大部分人在美化表格时常犯的几点错误。

- **宽高混乱**：表格单元格有些宽、有些窄，部分表格文字折行较多，视觉混乱
- **对齐混乱**：内容全部靠左上角对齐，右下角区域空白太多，页面重心不平衡
- **表格简陋**：直接从Word/Excel复制、粘贴过来，没经过美化处理，比较简陋
- **缺乏重点**：想要强调的数据，没有经过任何特殊处理，一眼看不到页面重点

一旦知道了表格美化的根本问题所在，就能对症下药，逐一击破。

下面教大家四步轻松搞定表格美化。

调整宽高 ① ➡ 对齐元素 ② ➡ 更改颜色 ③ ➡ 突出重点 ④

步骤1　调整宽高

选中表格，单击【表格工具】-【布局】-【分布行与分布列】，即可快速统一。

第一季度指标，A公司遥遥领先			
序号	单位	申请容量 (万千伏安)	接电容量 (万千伏安)	接电容量 完成率 (%)
	公司	39.36	30.95	78.63%
1	A公司	0.16	1.09	681.25%
2	B公司	1.04	2.02	194.23%
3	C公司	0.18	0.27	150.00%
4	D公司	0.36	0.41	113.89%
5	E公司	1.98	2.22	112.12%
6	F公司	1.81	1.88	103.87%
7	G公司	4.94	5.02	101.62%
8	H公司	0.77	0.76	98.70%

步骤2　对齐元素

在【对齐方式】中，单击【水平居中】和【垂直居中】，让内容居中对齐。

第一季度指标，A公司遥遥领先			
序号	单位	申请容量 (万千伏安)	接电容量 (万千伏安)	接电容量 完成率 (%)
	公司	39.36	30.95	78.63%
1	A公司	0.16	1.09	681.25%
2	B公司	1.04	2.02	194.23%
3	C公司	0.18	0.27	150.00%
4	D公司	0.36	0.41	113.89%
5	E公司	1.98	2.22	112.12%
6	F公司	1.81	1.88	103.87%
7	G公司	4.94	5.02	101.62%
8	H公司	0.77	0.76	98.70%

步骤3　更改颜色

调整表格单元格的填充颜色和边框颜色，丰富表格视觉效果，增强层次感。

第一季度指标，A公司遥遥领先			
序号	单位	申请容量 (万千伏安)	接电容量 (万千伏安)	接电容量 完成率 (%)
	公司	39.36	30.95	78.63%
1	A公司	0.16	1.09	681.25%
2	B公司	1.04	2.02	194.23%
3	C公司	0.18	0.27	150.00%
4	D公司	0.36	0.41	113.89%
5	E公司	1.98	2.22	112.12%
6	F公司	1.81	1.88	103.87%
7	G公司	4.94	5.02	101.62%
8	H公司	0.77	0.76	98.70%

步骤4　突出重点

对于文字可以加粗、加大、换颜色，对于单元格可以修改填充颜色、边框色。

第一季度指标，A公司遥遥领先			
序号	单位	申请容量 (万千伏安)	接电容量 (万千伏安)	接电容量 完成率 (%)
	公司	39.36	30.95	78.63%
1	A公司	0.16	1.09	681.25%
2	B公司	1.04	2.02	194.23%
3	C公司	0.18	0.27	150.00%
4	D公司	0.36	0.41	113.89%
5	E公司	1.98	2.22	112.12%
6	F公司	1.81	1.88	103.87%
7	G公司	4.94	5.02	101.62%
8	H公司	0.77	0.76	98.70%

添加图片作为背景，可以让视觉效果更加丰富，做出更有设计感的表格。

第一季度指标，A公司遥遥领先			
序号	单位	申请容量 (万千伏安)	接电容量 (万千伏安)	接电容量 完成率 (%)
	公司	39.36	30.95	78.63%
1	A公司	0.16	1.09	681.25%
2	B公司	1.04	2.02	194.23%
3	C公司	0.18	0.27	150.00%
4	D公司	0.36	0.41	113.89%
5	E公司	1.98	2.22	112.12%
6	F公司	1.81	1.88	103.87%
7	G公司	4.94	5.02	101.62%
8	H公司	0.77	0.76	98.70%

第一季度指标，A公司遥遥领先			
序号	单位	申请容量 (万千伏安)	接电容量 (万千伏安)	接电容量 完成率 (%)
	公司	39.36	30.95	78.63%
1	A公司	0.16	1.09	681.25%
2	B公司	1.04	2.02	194.23%
3	C公司	0.18	0.27	150.00%
4	D公司	0.36	0.41	113.89%
5	E公司	1.98	2.22	112.12%
6	F公司	1.81	1.88	103.87%
7	G公司	4.94	5.02	101.62%
8	H公司	0.77	0.76	98.70%

关于"数据型表格美化设计"的方法，可以扫码观看作者录制的配套教学视频，边看视频边动手练习效果更佳。

NO.071

电力表格中全是文字，怎么排版？

适用Office 适用WPS

表格是非常好的信息可视化工具，除了能承载数据，还可以承载文字内容，但是当表格中塞满大量的文字信息时，就会导致表格非常拥挤。那么，面对文字较多的表格，应该如何排版呢？只要注意下面这个事项。

其实无论是数据型的表格还是文字型的表格，常犯的错误与美化修改思路类似。

区别较大的就是文字的对齐方式，以下面的两个PPT页面为例。

案例1- 原稿   案例2- 原稿

在表格信息是大段文字的情况下，由于文字的长短差距较大，就不适合居中对齐，左对齐的方式会更适合阅读，文字较少的单元格可以用居中对齐且尽量不要折行。

案例1- 美化稿   案例2- 美化稿

关于"多文字表格美化设计"的方法，可以扫码观看作者录制的配套教学视频，边看视频边动手练习效果更佳。

NO.072

Excel数据，如何同步到PPT？

适用Office   适用WPS

Excel是数据处理和分析的利器，大部分原始数据都存放在表格中，汇报时需要将数据转移到PPT，如果数据有更新，在Excel中改完，还需要在PPT中修改，非常麻烦，有没有办法让Excel表中的数据直接跟PPT同步更新呢？一个技巧，轻松搞定！WPS与Office都适用。

在WPS表格中选中所需表格区域并复制，打开WPS演示，单击【开始】-【粘贴】-【选择性粘贴】，在【粘贴链接】中找到【WPS表格 对象】，单击【确定】。

通过这个方法转移表格就能保留原格式，WPS与Office的操作方法相同。此外，还有一个好处就是，一旦在表格中任意更新一个数据，在PPT中就能自动实现同步更新，不需要两边对照着修改，减少反复修改的频率。

高掉闸线路消缺统计

高掉闸线路整治情况良好，推进较快的单位有：A、B、C公司

序号	单位	缺陷数量（条）	消缺数量	消缺率
1	A公司	71	71	100%
2	B公司	142	131	92%
3	C公司	177	160	90%
4	D公司	39	34	87%
5	E公司	151	129	85%
6	F公司	459	355	77%
7	G公司	566	414	73%
8	H公司	100	72	72%
9	I公司	29	20	69%

结合表格的功能，还能"玩"出不一样的花样。

在表格中选中数据，单击【开始】-【条件格式】，添加【数据条】和【图标集】，能够直观地通过条形做大小对比，还能用信号灯做区分，回到PPT就能够自动更新了！

相当于表格中内嵌了条形图，"双剑合璧"的威力是不是特别强大？

高掉闸线路消缺统计

高掉闸线路整治情况良好，推进较快的单位有：A、B、C公司

序号	单位	缺陷数量（条）	消缺数量	消缺率
1	A公司	71	71	100%
2	B公司	142	131	92%
3	C公司	177	160	90%
4	D公司	39	34	87%
5	E公司	151	129	85%
6	F公司	459	355	77%
7	G公司	566	414	73%
8	H公司	100	72	72%
9	I公司	29	20	69%

需要特别注意的是，如果表格文件路径发生变化，可能会导致两者链接出现问题。因此，如果要转移文件，建议将PPT与表格文件一起移动，防止链接失效。

关于"Excel与PPT联动"还不理解？
可以扫码观看作者录制的配套教学视频，
边看视频边动手练习效果更佳。

NO.073

柱形图，如何设计更美观出彩？

适用Office　适用WPS

处理数据时，为了让数据信息更加直观，我们通常会将其做成图表，但是许多人在使用图表时，要么是过度美化，加入各种各样的特效；要么完全不美化，显得非常简陋。下面以柱形图为例，来看看如何才能搞定柱形图美化。

图表美化有两种典型的错误，一种是过度美化，另一种是完全不美化。

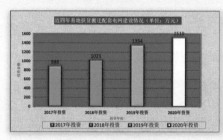

缺乏内容重点

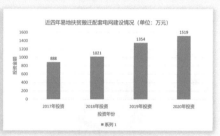

过于简陋单调

图表的意义在于传递数据背后的含义，过度美化的图表会干扰信息的传达，完全不美化，自带的图例标签也会干扰内容，此外也难以看到图表重点。

那么，如何才能让图表简约而不简单呢？下面教大家美化图表的四步法。

删除特效① → 删除冗余② → 更改颜色③ → 突出重点④

步骤1　删除特效

选中图表，单击【图表工具】-【设计】，在【图表样式】中将图表还原到原始状态。

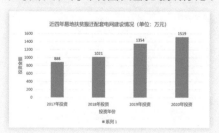

步骤2　删除冗余

单击【图表工具】-【设计】，在【添加图表元素】中取消对标签的勾选。

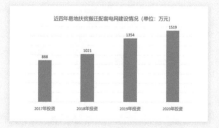

步骤3 **更改颜色**

选中图表，右键单击【设置数据系列格式】-【填充】，修改图表的颜色。

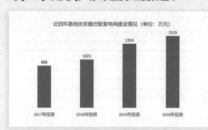

步骤4 **突出重点**

将此前陈述型的标题变成带有结论型的标题，并配合字体、字号进行突出。

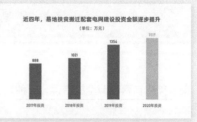

如果觉得白色太单调，还可以通过修改背景来增强设计感。

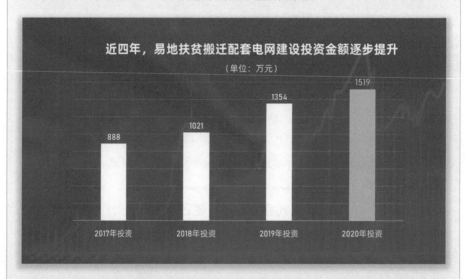

当然，还可以改变图表填充方式，把纯色改为渐变色，进一步强化设计感。

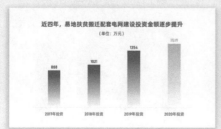

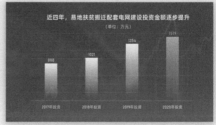

默认柱形图都是矩形，看多了就会缺乏新鲜感，想要做出创意，可以从形状着手。

以三角形为例，插入一个三角形并按快捷组合键【Ctrl+C】进行复制，选中图表后单击鼠标右键，单击【设置数据系列格式】-【填充】-【图片或纹理填充】，图片填充选择【剪切板】。

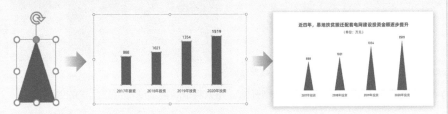

若想要对图表颜色进行修改，需先绘制出对应形状并修改颜色，再复制到图表中。双击某一柱形图，能够单独对其进行编辑，重复上面的操作，完成颜色修改。

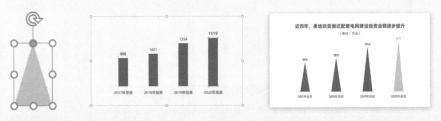

利用不同形状填充，效果会有所不同，比如用【编辑顶点】和【渐变】功能改造。

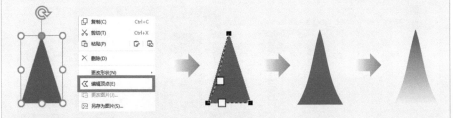

最后添加图标作为装饰，也能轻松做出以下的创意图表！

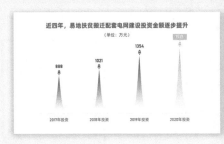
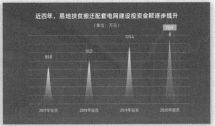

如果将三角形换成圆角矩形，还能模拟手机电量的效果。

 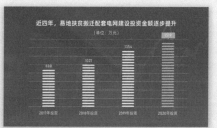

以为这就完成了？不，好戏才刚刚开始，如果将形状换成图标会是怎样的效果？

比如，这里想表达投资金额，可以用金币来做可视化。

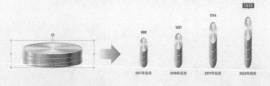 

感觉图形被拉伸了，怎么办？只需在图表上右键选择【设置数据系列格式】，在【填充】中将默认的【伸展】改为【层叠】效果，就可以轻松搞定！

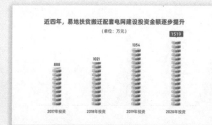 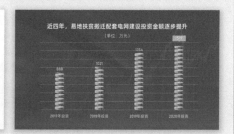

瞧，创意的可视化图表也不难吧，赶紧动手试一试吧！

关于"柱形图美化"的操作不理解？
可以扫码观看作者录制的配套教学视频，
边看视频边动手练习效果更佳。

NO.074

饼图，如何设计更美观出彩？

适用Office　适用WPS

饼图与圆环图经常会用在表达"构成关系"的图表中。因为饼图组成成分较多，所以配色的选择非常影响美观度，其次饼图因为是圆形，经常会导致页面失衡，显得空洞单调。那么，如何才能搞定饼图美化，让饼图设计更有创意呢？

以右图所示原始案例为例，先来分析问题。图表颜色跨度太大，数据标签和图例未经过处理，导致页面不够美观。

其实只需把上面两点问题处理好，也能够快速美化做出表现及格的饼图。

下面一起来看一下吧！

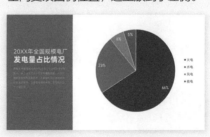

步骤1　更改颜色

根据"颜色搭配篇"提到的同频色法则，当PPT需要多个颜色进行区分时，可以使用相近的颜色，画面会更协调。

步骤2　优化细节

删除重复的标题，调整数据标签的字体、大小，让数据清晰可见，再根据页面的空间更改图例位置，这里放到了左侧。

如果觉得饼图颜色太重，可以将饼图改成圆环图，在图表工具中选择【更改类型】。

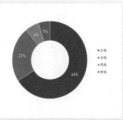

圆环图中间空白的区域，还可以用来放置图片或图标，进一步增强可视化效果。

瞧，相比之前是不是已经好很多了。但想做得更有创意一点该怎么做呢？

如果对于图表展示的精准度没有特别高的要求，可以将饼图的数据拆分成多个图形。利用圆形和弧线等基础形状，拼接成更有创意的环形图效果。

一旦理解了原理，就能够轻松做出以下的效果了！

看到这里，有没有一种脑洞大开的感觉呢？赶紧打开练习素材动手操作一遍吧！

关于"饼图与圆环图"的设计方法，
可以扫码观看作者录制的配套教学视频，
边看视频边动手练习效果更佳。

NO.075
折线图，如何设计更美观出彩？

适用Office　适用WPS

折线图由标记点与线条组成，默认插入的折线图没有带标记点并且线条为直线，如果不加以美化直接放在PPT中会显得非常单调，此外，如果线条较多时，画面也会显得比较凌乱。那么，如何才能搞定折线图的美化呢？下面一起来学习一下吧！

下面以两个原始案例为例，讲解单条折线图与多条折线图的美化思路。

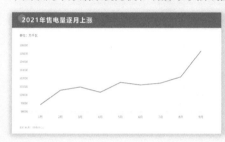
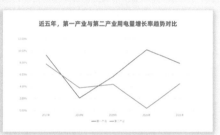

两种折线图的美化思路是一致的，下面先以单条折线图为例。

折线图美化可以按照以下四个步骤来进行。

| 更改线型 ① | → | 添加标记 ② | → | 突出数据 ③ | → | 添加面积 ④ |

步骤1　更改线型

选中折线，单击鼠标右键后选择【设置数据系列格式】–【填充】–【线条】，在最底部勾选【平滑线】。

步骤2　添加标记

单击一个数据点，单击鼠标右键后选择【设置数据系列格式】–【填充】–【标记】–【标记选项】–【内置】，修改类型与大小。

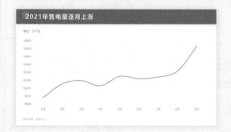
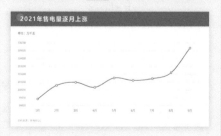

步骤 3 突出数据

选中图表添加数据标签，让数据出现在每个节点附近，并且对想要强调的数据单独用形状突出，可以删除纵坐标。

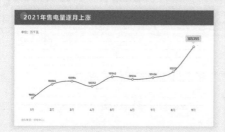

步骤 4 添加面积

折线图只有点和线会显得比较单调，因此可以在折线图下方添加与之对应的渐变形状，丰富视觉效果。

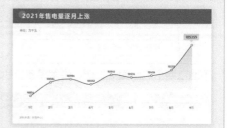

瞧，是不是看起来还不错？现在你能将原稿修改为以下的效果吗？

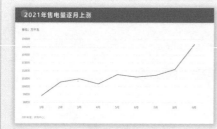

Before

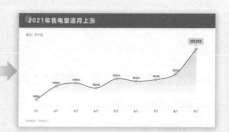

After

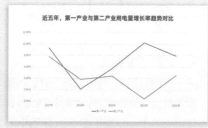

Before

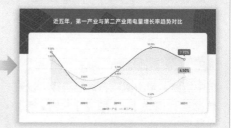

After

关于"折线图"的具体操作，还不理解？
可以扫码观看作者录制的配套教学视频，
边看视频边动手练习效果更佳。

内容逻辑篇

09

NO.076

如何构思一个吸引人的封面主题？ 适用Office 适用WPS

封面作为第一个呈现在观众眼前的页面，在PPT当中尤为重要。而PPT封面要出彩，不仅仅是设计的问题，更重要的还是标题的构思能够吸引人，但也不能过于夸张，也要得体、分场景。总结起来就8个字：吸引眼球，提纲挈领。围绕这个核心，下面提供3种方法。

❶ 成果式

对比一下两个标题：你认为哪个标题更能够吸引你？

营销部 **工作总结报告** 汇报人：营销部	**不到一个月时间** **如何实现营收增长100%？** 汇报人：营销部

类似【营销部工作总结报告】的主题，枯燥无味，观众很难从封面中找到吸睛点。

但如果你有突出的工作成果，可以直接把成果当作主题，能够迅速抓住对这个结果感兴趣的观众，当然有时候为了突显结果很厉害，也可以加强成果的背景和难度。

从成果出发，吸引观众。主题起得好，可以起到吸引受众注意的效果。

❷ 数字式

很多人经常会直接把一份文档材料的题目，作为PPT主题，比如《生产安全管理的方法》，然而在演示环境下，从封面很难看到这份PPT要解决什么问题。

那该如何修改呢？

为了直观地让观众通过这次演示解决什么问题，可以提炼出带有数字的观点。

生产安全 **管理的方法** 汇报人：生产部	**生产安全管理** **4大法则** 汇报人：生产部

通过数字表达，能够更好地串联内容，也方便观众记忆和回忆。

结合不同的汇报材料和场景，可以选用不同的主题关键词，这里给大家列举几例。

类型	示例
直白型	X大原则、X大要素、X大关键、X大挑战、X大技巧 X大内涵、X大支撑、X大法则、X大障碍、X大线索
比喻型	三板斧、三剂药方、三大抓手、四驾马车、四大金刚 四大法宝、五大秘籍、五大源泉、六脉神剑、七伤拳

③ 谐音式

举个例子，比如要举办一个主题为"我眼中的新安全生产法"分享会。

对比一下，以下两个标题，你觉得哪个更有新意？

> **我眼中的**
> **新安全生产法**
> 汇报人：安质部

> **【新】动不如行动**
> 我眼中的新安全生产法
> 汇报人：安质部

第一种是很多人常用的写法，直接把活动主题当作分享主题，缺乏新意。

可以看到这个标题中，最主要的关键词是【新】，举办此次活动是希望通过学习新安全生产法，能够落地到实际工作中，所以可以用一个成语——"心动不如行动"。

为了体现新，可以把【心】换成【新】，一语双关，是不是很妙？

妙是妙，但是这种创意是不是特别难想？其实并不然。

推荐一个网站【文案狗】，只需要输入关键字，就会出现所有带这个字的谐音成语。

谐音工具		
常用成语 诗词名句 俗语大全	赏新乐事	小新翼翼
新 → *xin*	全新全意	新陈代谢
	内造点新	精新设计
查询	难以置新	随新所欲
提示 输入的汉字作为结果预览替换的字；查询结果已按照词频排序，尽标移动词上查看原始词句	新动不如行动	小新谨慎
更新 点击搜索结果可以收藏新打开的页面或者发送给您的朋友！	« ‹ › »	1/181

NO.077

如何设计令人印象深刻的目录？

适用Office　适用WPS

目录页的作用通常是为了展示PPT的框架和结构，让观众对你所讲的内容有一个心理预期。如果想做出让观众看一眼就快速记住的PPT目录，就涉及一个记忆的方法，设置"记忆的钩子"，把零散的内容串起来。具体应该怎么做呢？下面为大家深入剖析。

❶ 提炼串联法

第一种提炼思路是通过理解语句的意思，总结出一致性的词语。比如，《做好支部工作》这个主题，提炼四个富有节奏性的词汇，阅读起来朗朗上口，记忆起来也能有一条线索可寻：做好支部工作，要做好"四抓"。

Before	After
做好支部工作 · 强化自身建设 · 提高党员素质 · 健全工作机制 · 当先锋做表率	做好支部工作 · 抓自身：强化自身建设 · 抓队伍：提高党员素质 · 抓制度：健全工作机制 · 抓工作：当先锋做表率

第二种提炼思路是从目录内容提炼关键字，并连起来与主题建立关联。比如，《如何打造一只有战斗力的团队》这个主题，将目录中最具有代表性的字拿出来，战略的"战"，斗志的"斗"，凝聚力的"力"，组在一起成为有含义的词"战斗力"。

Before	After
如何打造一只 有战斗力的团队？ · 共同的战略目标 · 奋勇拼搏的斗志 · 强大的团队凝聚力	如何打造一只 有战斗力的团队？ · 战：共同的战略目标 · 斗：奋勇拼搏的斗志 · 力：强大的团队凝聚力

当回忆这个PPT内容的时候，通过将主题中"战斗力"这个词作为记忆线索，就可以帮助观众回忆起三个部分的主要内容。

② 数字串联法

数字串联法就是让数字成为记忆的线索。

比如，有一定的规律，如123，或者谐音，如520，或者寓意，如666……

比如《安全事故调查》主题汇报，要讲三个模块，只罗列要点很难记忆，如果将每个要点交付内容的数字强调出来，就有一个基础的记忆线索。

如何做好 安全事故调查处理 —	• 事故报告的流程 • 事故调查的原则 • 事故处理的方法	如何做好 安全事故调查处理 —	• **1套** 事故报告的流程 • **2项** 事故调查的原则 • **3个** 事故处理的方法
Before		*After*	

通过这样的方式，用一组数字"123"串联起来，1代表什么，2代表什么，3代表什么，就能帮助我们回忆起所讲的内容。

再比如《如何做好电力系统项目管理》的目录，修改后的案例，提炼出每个部分要讲的数字，刚好对应数字谐音"521"。

如何做好 电力系统项目管理 —	• 项目管理的核心要领 • 确定项目方案的原则 • 有效管理的前提条件	如何做好 电力系统项目管理 —	• **5大** 项目管理的核心要领 • **2条** 确定项目方案的原则 • **1个** 有效管理的前提条件
Before		*After*	

讲课时这样进行表达：如何让成员愿意服从你的安排？如何让项目按质按量交付？

请牢记"项目管理的521（我愿意）法则！

瞧，这样是不是好记了很多！

③ 类比串联法

类比串联法就是把要讲的内容跟人们较为熟知的人物/事物关联起来。

比如,做一场新员工入职安全教育培训,要点已经想好了,但缺乏记忆点。为了进一步加深印象,也可以找一个大众比较熟知的事物与内容建立关联,比如红绿灯。

Before　　　　　　　　　　　　　*After*

配合色彩或实物图片,可以进一步加深印象。

- 绿灯:代表通行,表述这个事情可以直接做,不用有任何顾虑。

- 黄灯:代表准备,做这个事情的时候最好先停下来,思考一下。

- 红灯:代表停止,这是危险的事情,千万不能做。

有了这条主线,无论是开场导入话题,还是在结尾总结时都能给人留下深刻的印象。

所以,当你担心别人记不住你的内容的时候,就可以从本技巧讲到的这3种角度切入,构思PPT演示的目录框架,让观众好懂又好记。

想要知道演示的效果如何,最简单的检验标准就是当你演示完后,观众是否能根据某个记忆线索回忆起你所讲的内容。

如何对电力PPT上的文字进行提炼？ 适用Office 适用WPS

做PPT不是"Word搬家"，是将文字提炼化、视觉化的过程。首先要对内容进行理解、分析，确定要传达的核心信息，再进行美化。但往往报告材料中并没有标明重点，如何让信息提炼更加精准，帮观众减轻认知负担，可参考以下3种信息提炼的方法。

❶ 概括化

职场中，领导有时候要求，PPT上的内容一个字都不能删，比如这样一些信息。

电力行业人力资源管理面临的问题

传统的人力资源管理习惯于将日常工作流程固化下面，按部就班，缺少变通，只着眼于当下的利益。由于规划不完善，企业内部人员在配置方面也存在不足，没有建立起合理的、结构优化的人力资源配置机制。管理部门员工冗余，人浮于事，而一线的技术人员却相对紧缺，亟须高素质的人才进行技术和生产经营管理。具体业务和操作层面还未形成数据资源的认识，在实际的业务层面尚未感受到由数据资源带来的竞争压力。观念上没有足够的重视，形式主义感很强，在规划和制定绩效考评机制具体方案时随意性较大，不够严谨。无法将人力资源理论知识投入到实践操作工作中，不懂得电力生产技术知识与日常工作内容，脱离现实背景。

我们可以先划分内容段落，并给每一段都增加一个概括性的小标题。

电力行业人力资源管理面临的问题

— 观念意识亟需提高 —	— 相关规划不够完善 —	— 组成构架不够合理 —
传统的人力资源管理习惯于将日常工作流程固化下来，按部就班，缺少变通，只着眼于当下的利益。	由于规划不完善，企业内部人员在配置方面也存在不足，没有建立起合理的、结构优化的人力资源配置机制。	管理部门员工冗余，人浮于事，而一线的技术人员却相对紧缺，亟需高素质的人才进行技术和生产经营管理。
— 数据意识亟待提高 —	—绩效考评机制不完善—	— 脱离一线技术工作 —
具体业务和操作层面还未形成数据资源的认识，在实际的业务层面尚未感受到由数据资源带来的竞争压力。	观念上没有足够的重视，形式主义感很强，在规划和制定绩效考评机制具体方案时随意性较大，不够严谨。	无法将人力资源理论知识投入到实践操作工作中，不懂得电力生产技术知识与日常工作内容，脱离现实背景。

你会发现，这样的话，这一页上文字其实变多了，但阅读负担却大大降低了。

再比如，企业文化的内容非常庞杂，展开讲可能会有成千上万字，很难让人记住。但如果分别概括成「突出四个抓手」、「坚持五个全面」呢？

凝练	释义
突出四个抓手	安全高效、提质增效、降本提效、创新创效
坚持五个全面	全国推进煤电一体化、全面转型发展新能源 全面实施创新驱动新战略、全面推进对标提升行动 全面推进从严治党
着力实现六个新提升	资产质量实现新提升、绿色发展实现新提升 科学管理实现新提升、治理效能实现新提升 科技创新实现新提升、党建质量实现新提升

瞧，这样是不是一下就把海量的内容串联起来了？

❷ 结构化

在工作中，很多工作琐碎，且耗费时间长，工作辛苦但没有亮眼的业绩，放在PPT上好像很平淡，可是如果不放，又没内容能展示，就会感觉比较尴尬。

比如下面这份原稿，列了很多工作内容，都是日常部门里面的零零碎碎，如果像这样展示一笔流水账，很难让人认为你的工作做得好。

- 在"公司要闻"栏目中投稿3条，被采纳1条；
- 在"基层动态"栏目中投稿4条，被采纳3条；
- 处理营销类投诉10件，环比减少2件，其中一类投诉6件；
- 生产类投诉5件，环比增加1件，其中频繁停电3件；
- 开展"每日一题"活动，为员工创造更多的学习机会；
- 组织5名供电所安全管理员，参加消防安全资质证件取证工作；

因此，需要对这些内容的顺序重新进行整理，并进行一个结构化的归类整理。

强化对外品牌宣传	• 在"公司要闻"栏目中投稿3条，被采纳1条； • 在"基层动态"栏目中投稿4条，被采纳3条；
优质服务工作开展	• 处理营销类投诉10件，环比减少2件，其中一类投诉6件； • 生产类投诉5件，环比增加1件，其中频繁停电3件；
深化内部人才培养	• 开展"每日一题"活动，为员工创造更多的学习机会； • 组织5名供电所安全管理员，参加消防安全资质证件取证工作；

借助领导思维，用领导熟悉的语言说明琐碎的工作和重要的文化输出与人才培养工作之间的联系，把要点与领导关心的问题挂钩，让领导直观地看到工作价值。

结构化，不仅是一种技巧，更是一种好的思维习惯和能力，让领导觉得你条理清晰。

③ 可视化

第一种思路，可以用图表的方式，进行可视化表达，直观地看到多与少的对比。

比如下面的案例对比，原稿PPT有很多文字，整个版面太满，让人感觉很压抑，此时可以把核心内容和数据精简出来，并用图表的方式进行可视化。

精简文字后，通过图表加图标的形式呈现，是不是让重点更突出，让数据更直观了？

可视化的关键，是对逻辑关系的提炼。

再来看一个案例，原稿的PPT是讲解架构关系的，看这样的文字当然是一头雾水，所以我们要把角色的信息提炼出来并做成框架图的方式。

Before　　　　　　　　　　　　　　　　　*After*

对比一下，修改后的效果是不是更加一目了然。

当然，有的PPT信息看上去比较复杂，比如下面的内容。

> 内部通过SYS系统得到人才圈数据，导入公司自主开发的数据展示和分析平台来绘制人才关系图谱。外部通过成熟可信的人才数据服务提供商，如BOSS直聘、猎聘网、牛客网等获取员工基本信息，同时，利用开源的人工智能舆情分析技术获得员工的曾在职企业负面信息。在数据展示平台中整合上述数据并导入风险算法模型得到员工各种类型的风险指数，可对员工进行全方位画像，精准识别高风险人才圈，为人才圈提供有力的技术和数据支持。

这时我们可以用另外一个方法，从页面中找到一些表达关系的词语，并且尝试将这些关系用框线图的方式梳理出来，然后再加入色块和图标，加强信息可视化。

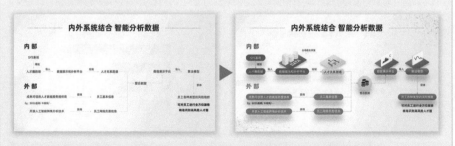

瞧，即便是特别复杂的信息通过内容梳理与可视化表达就变得更容易吸收了。

内容提炼需要消耗大量的思考时间，所以很多人选择逃避，但是内容提炼没有捷径。关键还是看你，是不是真的理解了PPT名字的含义——「Power」your「Point」。

NO.079

如何为PPT演示，做一个完美收尾？ 适用Office 适用WPS

提到结束页，很多人的第一反应就是写个"谢谢"，有什么内容可言呢？其实不然，结束页在整个演示的最后，是观众注意力比较集中的时刻，一定不能出错，一个圆满的结尾能给你的演示加分。在不同场景下，结束页可以放什么内容呢？下面为大家提供4种思路。

❶ 万能通用型

由于表达感谢是最常见的结束页内容，所以如果怕用错，就用万能单词【THANKS】！如果不想用英文，用中文的【谢谢】也可以。

如果页面比较单调，也可以适当地添加Logo或图片背景作为装饰，让页面更商务与正式。

❷ 感谢指导型

如果在演示结束后，要接受领导或导师的提问，就可以虚心恳请批评指正。

经常适用于各类比赛或工作汇报场合。字体、版式、图片等设计可以任意变化。

这一类结束页，总结为一句话，真诚而虚心地表达自己的态度。

❸ 呼吁行动型

平时工作或给客户演示，可能会有一个对合作的呼吁。

比如，要取得多部门的支持，呼吁合作共赢，配一张多人团结合作的图片。

比如，赛事介绍后，呼吁观众积极主动报名参加。

❹ 口号金句型

在一些产品发布会或演讲的结尾，经常会加上一句激情励志的金句，或者企业文化理念，通过这样具有情怀的文案，很容易引发观众共鸣。

案例来源：小米发布会

因此，结束时我们用短句配上炸裂的字体，来表达决心，或者借助金句来升华主题，表达观点，让观众产生更多情感共鸣。

NO.080

电力安全生产类PPT，如何搭框架？ 适用Office 适用WPS

安全生产是电力系统中心工作之一，此类报告内容具体、描述精确、数据指标多。安全生产涵盖多个专业，其中：安全涵盖人身、电网、设备、交通、消防、网络等；生产包括运维检修、电网建设、调度控制、信息通信等。以下框架围绕专业内容梳理，可供参考。

逻辑框架		举例
工作完成情况	责任落实	上级安全生产政策贯彻落实情况
		安全生产责任制落实情况
		安全生产专项活动开展情况
	运检管理	变电检修、输电运检、二次运检、配电运检
		变电运维、调度控制、电网建设
	安全监察	人身、设备、现场
		交通、消防、信息、网络、应急、值班
	队伍建设	党建、安监、生产
存在问题及建议	人员	意识、素质、责任、数量、培训
	管理	安监、基础、运维、计划、基建
	设备	电网网架、设备隐患
下一步工作安排	工作思路	方向、计划、目标
	责任落实	安全责任、专项工作
	重点工作	人身安全、电网运行、设备检修 信息网络、交通消防、应急管理

NO.081

电力优质服务类PPT，如何搭框架？ 适用Office 适用WPS

优质服务是电力系统中心工作之一，归属于电力企业营销专业，此类报告数据多、指标多。优质服务主要是以客户需求为中心，开展各项工作。以下框架围绕专业内容梳理，可供参考。

逻辑框架		举例
工作完成情况	营销安全	现场安全
		客户安全
	客户服务	客户满意率
		投诉工单
		业扩报装
	经营管理	电费、线损、稽查
	市场开拓	电能替代、新能源拓展、三供一业、扶贫攻坚
	基层基础	合规管理、小微作业现场违章
	队伍建设	党建、业务人员、管理人员
存在问题及建议	人员	意识、素质、责任、数量、培训
	管理	安全管控、经营管理、提质增效、模式转型
下一步工作安排	工作思路	方向、计划、目标
	责任落实	党中央重大决策部署
	重点工作	经营管理、营销安全、提质增效 重点指标、服务品质

NO.082

电力经营管理类PPT，如何搭框架？ 适用Office 适用WPS

经营管理是指对企业的经营活动进行决策、计划、组织、协调和控制，使企业面向用户和市场，充分利用企业拥有的各种资源，最大限度地满足用户的需要，取得良好的经济效益和社会效益。梳理电力经营管理类PPT，可参考以下逻辑框架。

逻辑框架		举例
基础规模	对外服务	用户数量与特征、服务内容与标准
	对内管理	生产设施设备、营业厅窗口建设
经营现状	经营指标	电量、电价、损耗
	运行情况	生产设备工况
	重点举措	业务拓展、堵漏增收
企业管理	行政管理	提质增效、精益管理、班组建设
	基础管理	人力资源、财务资产、物资采购
	合规管理	依法治企、审计、标准化
未来展望	目标	指标、效益、规模、排名
	举措	机制建设、管理提升、技术创新
	保障	组织保障、技术保障、队伍保障、后勤保障

NO.083

电力党群管理类PPT，如何搭框架？ 适用Office 适用WPS

党群组织是实现党员与群众相联系的重要组织，做好党群工作，对促进企业的各项经营管理工作有着非常重要的作用。围绕电力党群管理类PPT，可参考以下逻辑框架。

逻辑框架		举例
党建工作开展情况	精神落实	三严三实、两学一做 会议精神宣贯落实
	责任落实	党组织建设、党员教育管理 党建信息化、党风廉政建设 从严治党、党建、精神文明
	企业文化	企业精神、企业愿景、文化观念
	宣传工作	新闻宣传、社会责任、舆情管理
	工会工作	服务大局、服务中心、服务职工
	团委工作	凝聚青年、服务大局、从严治团
存在问题与不足	制度	标准化建设管理薄弱、服务常态化欠缺
	形式	形式载体不丰富、组织生活质量不高
	宣传	典型经验、特色亮点宣传展示不充分
下步工作打算与建议	重点工作	筑牢思想政治根基、厚植党建优势 提升党建工作质量、强化党风廉政建设 锤炼干部人才队伍、提升党建宣传力度

NO.084

电力职代会报告PPT，如何搭框架？ 适用Office 适用WPS

职代会是电力行业公司全年度最为重要的会议之一，总经理报告特点：内容全，涵盖公司各项业务；篇幅长，1万字以上；影响大，是引领公司全年发展的纲领性文件。围绕电力职代会报告PPT，以下框架围绕内容梳理，可供参考。

逻辑框架		举例
年度工作回顾	经营指标	电网发展投资、售电量、营业收入、综合线损、全员劳动生产率、连续安全生产天数
	安全生产	本质安全、生产运检、电网运行
	经营服务	增供扩销、管理质效、服务水平
	电网发展	前期规划、电网建设
	改革创新	体制改革、发展环境、创新管理
	三个建设	党建、企业文化建设、队伍建设
形势任务分析	上级精神	总公司、省公司
	公司短板	安全形势、电网基础、服务水平、队伍建设
	工作思路	方向、计划、目标
新年重点工作	经营目标	固定资产投资、线路建设投产、售电量电费回收率、全员劳动生产率
	安全生产	本质安全、生产运检、电网运行
	经营服务	增供扩销、管理质效、服务水平
	电网发展	前期规划、电网建设
	改革创新	体制改革、发展环境、创新管理
	三个建设	党建、企业文化建设、队伍建设

NO.085

月例会、周例会PPT，如何搭框架？ 适用Office 适用WPS

例会以通报指标、专业排名、重点工作安排布置为主，对于不同部门、不同层级的汇报场景略有不同。以下框架围绕月例会、周例会PPT的内容梳理，以营销部门为例，供参考。

逻辑框架		举例
工作指标完成情况	重点工作完成情况	安全生产、电网建设、依法治企 经营管理、党的建设
	综合指标完成情况	售电量、售电均价、全区负荷、网供负荷 线损率、电费回收、业扩报装、业扩结存
	各县（市）公司主要指标完成情况	售电量业绩考核情况 综合线损业绩指标情况
	对标情况短板分析	供电可靠率
下月重点工作计划	重点工作安排	打好降低投诉攻坚战
		稳步推进台区线损歼灭战
		积极推广综合能源项目
		全面启动报装接电提速增效工作
		做好供电所建设及员工培训工作
		积极推进综合能源业务

汇报呈现篇

10

NO.086

给领导做PPT，如何减少返工？

适用Office　适用WPS

领导需要你做一份PPT时，根据资料直接动手吗？恭喜你提取熬夜套餐。如果不提前了解领导需求就闷头开始做，可能有很多不符合领导要求的地方，比如内容不对、风格不符……遇到这样的问题，只能重做。如何在一开始尽可能了解清楚需求，避免返工呢？

❶ 先沟通，聊需求

接到任务后不要急着开始，先和领导沟通，前期工作做得充足，后期才能减少修改。

模块	提前了解清楚
场景	用于演示、用于阅读、用于打印……应用场景是什么？
用途	工作汇报、公司介绍、峰会论坛……具体用途是什么？
比例	16 : 9、4 : 3、还是特殊尺寸？
内容	是否已经定稿？是否能够删减？是否能够拆分？页数是否有要求？
风格	使用公司模板，还是不限制？是否有 PPT 风格偏好？
配色	是否使用公司 Logo 颜色？还是有其他偏好的颜色？
动画	是否需要添加动画？
时间	演示多长时间？什么时候交付初稿？什么时候正式使用？

如果领导没能给出太多可用信息，自己可以先根据内容进行思考，搭出框架给领导看，经过讨论确认后再做，可以提高效率。

❷ 先标准，再复制

无论在了解需求阶段获取了多少可用信息，最好先制作3～5页PPT样稿跟领导确认。

因为文字信息比较抽象，很可能会存在不同的理解，比如领导说用红色，但是你选的这个红色是否就是领导想要的呢？如果不确认一遍，可能最后得全部推翻重来。

涉及大量具有重复性的工作，先定一个标准，确认标准没有问题后，再批量复制。

NO.087
拿PPT给领导审核时，要注意什么？ 适用Office 适用WPS

职场中，制作完PPT只是第一步，切不可万事大吉，在你计算机中显示的页面，到了领导那里很可能会出现各种"意外"，领导审核这一关，也需要注意以下几点。

❶ 拿笔记本电脑当面汇报

当面给领导汇报工作的机会一定要把握住，尤其是跨级领导，当面汇报机会少之又少，能当面汇报，一定不要错过，好处多多。

1. 确保PPT不会因缺少字体、软件版本不同、播放设备不同等因素造成"变形"。

2. 体现对领导的尊重，态度积极，体现出对工作的认真和重视。

3. 能够更直观、更清楚地领会领导的修改意见。

4. 加深领导对你的印象，近距离接触有机会展现你其他方面的优点。

❷ PPT直接另存为PDF或图片

如果不能当面汇报，为避免PPT因发送中设备不同、软件不同而造成字体丢失、显示变形、排版错乱，可另存为PDF或图片格式。

1. 单击【文件】-【另存为】，选择【PDF】格式。

2. 单击【文件】-【另存为】，选择【JPEG】文件交换格式-【所有幻灯片】。

若想进一步，还可将导出的图片一页一页再插入PPT里，效果更佳。

❸ 增加补充说明

1. 告诉领导不同软件间显示可能会有问题，将PPT源文件和PDF同时发送。

2. 告诉领导你会提前去调试播放设备，避免出现显示问题。

3. 告诉领导如果有需要，你可以亲自去播放，体现重视程度。

4. 告诉领导哪里不合适你会及时修改，体现认真积极的态度。

NO.088

文件太大，如何压缩后发给领导？

适用Office 适用WPS

很多人在制作PPT的时候会遇到这样一种情况：明明自己的PPT只有十几页，但是文件大小却已经几十MB了。文件太大不仅容易导致制作卡顿，影响效率，也不方便发送。那么，到底是什么因素导致文件太大，以及如何才能压缩文件呢？这3种情况你得知道！

❶ 压缩图片大小，减少体积

很多人经常会插入高分辨率的图片，一张图片文件大小可能就是十几MB。

其实150ppi（分辨率）的图片就已经足够日常演示使用了，如果PPT中图片比较多，导致文件特别大，可以考虑压缩图片的大小，Office软件可按照以下步骤操作。

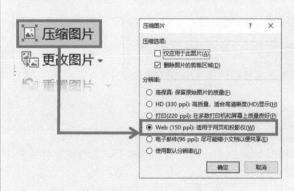

选中图片
↓
图片工具–格式
↓
取消【仅应用与此图片】
↓
分辨率选择Web（150ppi）
↓
确定

WPS也有压缩图片的功能，具体操作步骤如下。

选中图片
↓
图片工具–压缩图片
↓
选中【文档中所有图片】
↓
分辨率选择Web（150dpi）
↓
压缩

❷ 取消字体嵌入

制作不同风格的PPT时经常会使用一些特殊的字体，为了能够保证自己做的PPT可以在其他人的计算机上正常放映，常常会选择将字体嵌入PPT中，导致文件过大。

单击【文件】选项卡

↓

【选项】-【常规与保存】

↓

取消【将字体嵌入文件】

↓

【确定】

❸ iSlide——PPT瘦身功能

PPT中无效的版式过多，动画过多，都会导致文件体积增加。利用iSlide插件的【PPT瘦身】功能，能解决因版式、动画、备注与不可见元素引起的文件过大问题。

工具

单击【iSlide】选项卡

↓

单击【PPT瘦身】

↓

选中要删除的项目

↓

【另存为】

关于"压缩文件大小"的操作方法，
可以扫码观看作者录制的配套教学视频，
边看视频边动手练习效果更佳。

NO.089
如何关闭WPS的广告及热点推送？

适用WPS

WPS虽然很好用，但是日常办公中有时会毫无征兆地在右下角或窗口中弹出一个广告，影响办公效率，有时候在汇报演示时弹出广告，不仅特别尴尬，还会影响演示节奏。有没有什么方法可以把广告关闭？当然有！

单击【首页】标签，在下方功能区中单击【全局设置】-【配置和修复工具】。

弹出窗口后，单击【高级】-【其他选项】，勾选【关闭WPS热点】及【关闭广告弹窗推送】即可。

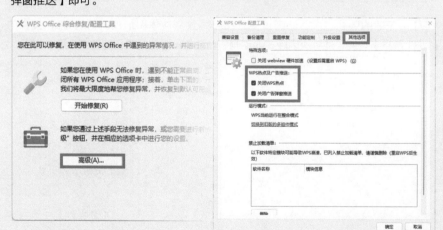

关于"关闭广告及热点推送"的方法，可以扫码观看作者录制的配套教学视频，边看视频边动手练习效果更佳。

NO.090

幻灯片画布比例不对，怎么办？

适用Office　　适用WPS

由于软件版本或演示设备不同，经常会遇到屏幕尺寸比例不对，可能你做好16：9的PPT，但是演示设备是4：3或是宽屏的，就会导致在全屏播放时上下留有黑边或画面被拉伸变形。为此，如何才能根据演示设备的比例，自定义PPT画布比例呢？

通过【设计】-【幻灯片大小】选择系统提供的两种比例，弹出对话框选择缩放样式。

最大化：

通过裁剪画布，达到新的页面比例，可能无法显示完整。

确保适合：

通过拓展画布，达到新指定的页面比例，可能产生白边。

如果会场是特殊的画布比例，比如LED屏幕宽5米，高2.5米，比例是2：1。

通过【设计】-【幻灯片大小】-【自定义大小】还可以自定义画布比例。

修改尺寸：

比例是2：1，可以设置宽高分别为50厘米、25厘米，尺寸越大，文件也会越大。

修改方向：

做竖版的海报时需要把画布变成竖版，将幻灯片方向选择为"纵向"即可。

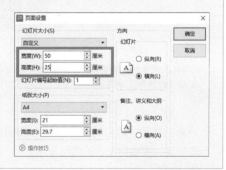

关于"修改幻灯片画布比例"的操作方法，可以扫码观看作者录制的配套教学视频，边看视频边动手练习效果更佳。

NO.091
担心演讲失误，如何用PPT来练习？ 适用Office 适用WPS

经常遇到指定时间的报告场合，比如3分钟演讲、18分钟展示……为了不超时，我们经常需要提前进行多次演练，为了能够按时讲完，旁边还得专门放个计时器。又或者在练习时，得一边看着文字稿，一边看着屏幕，很麻烦。其实这些问题，都可以用PPT辅助搞定！

单击【放映】-【排练计时】，会进入放映模式。

放映时，在播放界面左上角会出现一个自动计时器，能直观地看到时间。

排练结束时，按【Esc】键退出放映状态，会出现总时长弹窗，在【幻灯片浏览】中还能看到每一页的PPT所用时长，可以以此来调整每一页的时长。

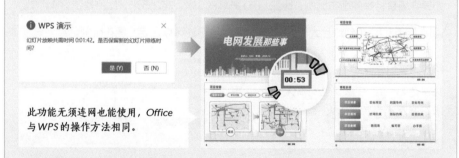

此功能无须连网也能使用，Office 与WPS的操作方法相同。

一场好的演示，源自精心的准备，巧用排练倒计时功能，能够让自己更好地把控演示的节奏，实现更从容的演示呈现。

关于"排列倒计时"的操作方法，可以扫码观看作者录制的配套教学视频，边看视频边动手练习效果更佳。

NO.092

如何打印讲义，既实用又省纸？

适用Office　适用WPS

在培训时，通常都会给参训学员准备PPT讲义，在演示汇报时为了避免后排同事看不到完整的PPT信息，也会准备打印版的PPT讲义，但是当页数比较多时，如何才能在节省纸张的同时避免太厚不好装订呢？这些打印技巧，你得知道！

单击【文件】-【打印】，即可看到打印界面或窗口。

Office 界面　　　　　　　　　*WPS 界面*

在打印时，可以设置单张纸打印的幻灯片张数、打印的方向与颜色。

可以根据不同的应用场景选择不同的打印模式。

- 用于演讲排列：建议每页一张、带备注、黑白打印。

- 用于培训讲义：建议每页纸6～9张、黑白打印。

- 用于重要会议：建议每页1张或3张，彩色打印。

受本书篇幅限制，关于打印的操作步骤与具体的效果预览，可观看配套视频学习。

关于"打印讲义"的更具体操作方法，
可以扫码观看作者录制的配套教学视频，
边看视频边动手练习效果更佳。

NO.093

担心演讲汇报忘词，怎么办？

适用Office　适用WPS

不是每个人都擅长上台表达，如果对内容还不熟练，演讲时有可能忘词。为了让自己不忘词，于是把所有的文字写到PPT上，密密麻麻一片又一片，PPT变成了提词器。其实用好下面这个功能，就不需要担心演讲忘词了！

首先，将演讲稿内容放置到每一页PPT下方的备注区。

按快捷键【Alt+F5】进行放映，可以直接进入【演示者视图】模式。

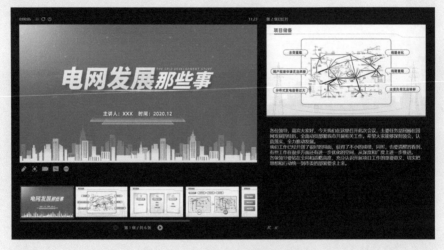

WPS演示者视图界面效果

当使用演示者视图模式放映时，观众看到的投影屏幕上显示的是PPT的放映界面，而在自己计算机屏幕中显示的是演示者视图界面。

右下角能看到备注区中的文字，右上角能看到下一页幻灯片，再也不用担心忘词啦！

关于"演讲者视图"的设置方法，
可以扫码观看作者录制的配套教学视频，
边看视频边动手练习效果更佳。

NO.094

上台演示前，需要做哪些检查？

适用Office 适用WPS

正所谓行百里者半九十，前期我们花费了很多时间在PPT的内容、美化、练习上，但是当我们要上台演示时，为保障演示顺利，应检查主要演示设备及辅助设备是否正常，确保演示能顺利开展。

❶ 设备检查

模块	清单	检查事项
主要设备	笔记本电脑	是否接入电源？无电源，检查电池续航是否足够
	投影仪／屏幕	是否接入电源？是否显示正常，尤其是画布比例
	接口兼容性	不同笔记本和投影仪接口不同，请参照下图检查
辅助设备	麦克风和音响	是否正常？是否有备用？
	U盘备份	U盘是否正常？文件是否有备份？
	激光翻页笔	电量是否充足？是否能正常使用？是否有备用？

VGA 接口

HDMI-VGA
如果笔记本没有VGA接口，只有HDMI接口，可用HDMI转VGA线

VGA线 TYPE C-VGA线
苹果笔记本没有VGA接口，需要用TYPEC转VGA线

VGA线
如果笔记本有VGA接口，可用VGA线直接连投影仪

HDMI线
如果笔记本有HDMI接口，可用HDMI线直接连投影仪

非苹果笔记本

VGA-HDMA
如果笔记本没有HDMI接口，可以用VGA转HDMI线

HDMI线 TYPE C-HDIMM线
苹果笔记本没有HDMI接口，需要用TYPEC转HDMI线

苹果笔记本

投影仪
HDMI 接口

接口兼容性表

❷ 效果检查

在正式演示前，迅速检查演示效果，避免PPT中的效果丢失。

模块	清单	检查事项
效果检查	页面	页面是否存在变形、黑边或页面不完整？
	字体	字体是否丢失／乱码？
	图片和图标	图片、图标是否丢失或变形？
	动画	重要动画与效果是否正常显示？
	媒体文件	是否可以正常播放？
	附件和链接	是否可以正常打开？

❸ 文件检查

演示结束后，如需给到场观众发送PPT文件，建议检查以下项目。

模块	清单	检查事项
文件检查	设置只读	能够防止文档被修改，是否需要设置？
	设置加密	防止无关人员打开文档，是否需要设置？
	邮件发送	是否注明【请见附件】？是否添加了附件？ 收件人邮箱是否正确？是否抄送相关领导、同事？
	手机发送	QQ／微信不易存档，发送前需要确认 手机观看存在乱码风险，发送前先在手机上检查 为了避免效果丢失，一般选择PDF版本

细节决定成败，做好上台前的检查，还你一场完美的演示！

关注微信公众号【老秦】（ID：laoqinppt），
回复关键词"品控手册"，
即可获取100项清单品控，让PPT不出错！

工作型PPT品控手册

NO.095

放映状态下，如何快速定位跳转？

适用Office   适用WPS

在PPT播放中，我们有时需要快速定位到某张幻灯片页面上。如果选择用鼠标或翻页器疯狂单击了几十下，终于翻到了第28页，展示了一下后再疯狂单击翻回去，一群观众就这样看着你表演翻页，其实用好快捷键能够让你快速实现定位。

❶ 【数字键+回车键】跳转

播放状态下，只需按下【数字键+回车键】就可以快速定位到数字对应的页面。

- 按数字键【9】，再按【回车键】，就快速定位到第9页。

- 按数字键【1】和【8】，再按【回车键】，就可以定位到第18页。

- 另外，按【Home】键也可以快速回到第1页。

- 按【End】键可以快速跳到最后一页。

❷ 【演示者视图】跳转

在演示者视图中可以预览所有的幻灯片页面，单击预览图即可跳转到对应页面。

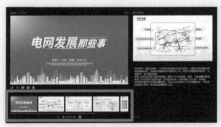

WPS界面   Office界面

关于"演示时快速定位跳转"的方法，可以扫码观看作者录制的配套教学视频，边看视频边动手练习效果更佳。

NO.096

如何设置文件加密，保护重要内容？ 适用Office 适用WPS

工作中有一些重要的文件，当发送给别人后可能会被进行二次编辑，明明不是自己的观点，别人补充后，不小心流传出去，给自己带来不便。或者是在计算机上存储了重要的文件，为了避免被"有心之人"打开，如何才能保护重要文件信息不被窥探？下面的方法你需要知道。

❶ Office操作方法

单击【文件】选项卡
↓
【信息】
↓
【保护演示文稿】
↓
【用密码进行加密】
↓
输入访问密码

❷ WPS操作方法

单击【文件】选项卡
↓
【文档加密】
↓
【密码加密】
↓
输入打开与编辑权限密码

关于"文件加密"的方法，还不懂？
可以扫码观看作者录制的配套教学视频，
边看视频边动手练习效果更佳。

技能竞赛篇

青创赛PPT，有何特点？　　　　适用Office　适用WPS

青年创新创意大赛最后阶段，采用现场竞演答辩的方式，由入选项目青创团队现场展示，每个项目展示时间为7分钟。因此，想要取得好的成绩，除了要有好的内容，还要有好的PPT呈现，帮助选手展示项目亮点。要做好青创赛PPT，以下3大要点供你参考。

❶ 内容上：结构完整不丢分

青年创新创意大赛对内容的考核主要集中在创新性、可推广性与安全性。既然是一份未来可能面向市场推广的商业计划，内容结构需要完整，经得起推敲。

我们总结了前几年青创赛评分准则及评委比较关注的评分点，供你参考。

模块	要点	事项
创新性	技术创新	核心技术是否有先进性？是否为首创或领先？
		知识产权专利是否具有新颖性？
	业务创新	是否对新技术、新需求、新问题痛点有全面认知？
		项目中的产品功能板块能否解决这些痛点？
		项目是否属于跨行业、新兴业务模式或形态？
可推广性	前景分析	市场定位是否明确？市场调研与产业链等现状分析是否精准？
		是否有明确或估算出的数据，证明市场容量？
		是否对市场、技术、政策壁垒有清晰的认知？
	适应性分析	客户画像是否清晰？产品与客户需求匹配度是否高？
		对标竞品是否有差异化的优势或具有核心竞争力？
	商业模式	盈利模式是否清晰可行？市场渠道是否优势显著？
		是否有合理的收益估算方式，预期效益是否可观？
	实施计划	项目阶段计划划分是否清晰？是否有时间节点？
		孵化周期是否超过30个月？项目资源获取难度是否大？
安全性	应用安全	是否对数据安全、设备安全、法律安全等有充分了解？
	风险管控	是否对风险有足够认知，并且有风险应对方案？

② 设计上：创意新颖展风采

青年创新创意大赛主基调就是创新与创意，常见的PPT设计风格有以下几种。

设计风格①：科技风

青创赛项目大多都是以互联网科技类为主，最能突出科技感、创新感的就是科技风。

因此，近几届比赛中科技风PPT出场频率非常高，不妨先看一组案例。

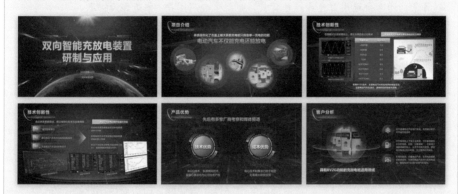

- 字体：选用具有现代感的黑体类字体，比如思源黑体、阿里巴巴普惠体等。
- 背景：背景以深色底为主，通常会添加科技感的图片或视频作为背景衬底。
- 配色：文字和形状颜色以亮色为主，常见颜色有蓝、青、紫等。
- 素材：常见的具有科技感的图片包括电路、芯片、宇宙、大数据、抽象纹理，还有代表科技风的特色元素，比如科技图形、电路板线路、光效、机器人等。

设计风格②：商务风

商务风PPT以内容为主，一般色彩简单，排版规矩，营造现代、职业、严谨专业的氛围，力求内容传达直观高效，达到沟通目标，在比赛中也经常能够见到。

同样来看一组商务风青创赛的实际案例。

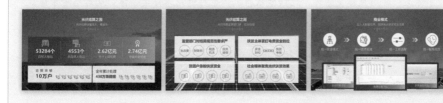

- **字体**：通常会选用黑体类字体，比如思源黑体、阿里巴巴普惠体、微软雅黑等。

- **背景**：通常会选用白色或浅色背景，也经常会用图片＋蒙版作为衬底。

- **配色**：一般选自企业Logo颜色或具有行业属性的颜色搭配。

- **素材**：通常会选用商务风图片、图标、形状、线条、样机等素材。

商务风PPT，为了追求视觉效果可能会用大图作为背景，但没有必要追求每个PPT都采用图片底，当信息较多时，也可以选用白色底，让信息更容易识别。

设计风格❸：学术风

学术风PPT整体呈现的感觉为严肃收敛、专业性强及逻辑清晰，适合专业性较强的项目使用。如果想让评委感觉项目的严谨性和专业性，可以考虑用此类风格。

来看一组学术风青创赛的实际案例。

- **字体上**：常用黑体类字体，比如微软雅黑；也可选用宋体类字体，比如思源宋体。

- **背景上**：以纯白色底或白色纹理背景底色为主。

- **配色上**：通常选自企业Logo颜色或行业色，也会使用深绿、深蓝等沉稳的颜色。

- **素材上**：与商务风类似，以图片、图标、基础形状、线条为主。

设计风格❹：插画风

插画风的优点在于风格较为活泼，更具有视觉化和形象化。可以通过丰富的插画形象地表达抽象的概念，经常用于服务类创新项目PPT制作。

同样来看一组插画风青创赛的实际案例。

- 字体：正文选用黑体类字体，标题可选用艺术类字体，如站酷庆科黄油体。
- 背景：常以彩色填充作为背景并用形状划分出内容放置的区域。
- 配色：以色彩明亮的颜色为主，比如亮红色、亮蓝色等。
- 素材：插画素材作为视觉化元素，形状与线条元素作为装饰。

如果你想了解更多青创赛PPT制作的思路和方法，可通过技巧配套视频进一步深入学习。

关注微信公众号【老秦】（ID：laoqinppt），
回复关键词"青创赛"，
即可获取不同PPT风格的制作素材合集。

PPT素材合集

关于"青创赛PPT"制作思路和方法，
可以扫码观看作者录制的配套教学视频，
边看视频边动手练习效果更佳。

NO.098

企业培训师竞赛PPT，有何特点？   适用Office 适用WPS

全国电力行业青年培训师教学技能竞赛，由理论考试、课程开发和现场教学三部分内容组成，其中课程开发包括教学设计与PPT课件设计，因此，做好PPT课件是每位选手必过的一关，只有找到教学竞赛PPT课件的特点，才能有针对性的练习，取得好成绩！

以"2021年培训师竞赛教学课件PPT评分标准"为例，如下表所示。

评分指标	评分维度	分值	评分细则
承载性	1. 教学目标	5	教学目标明确，描述规范精确，1~5分
	2. 课件结构	10	课题、说明、导入、主体、小结等结构完整，1~6分；页数控制在15~25页，4分，少于15页，1~2分，26页以上2~3分
	3. 课件内容	20	课件内容逻辑性强，1~5分；课件目录与内容层次匹配，1~5分；课件展示内容与教学方法、手段相契合，1~5分；符合学员认知规律，激发学员学习兴趣，1~5分
	4. 重点难点	10	重难点明确，1~2分；突出重点，1~4分；聚焦难点，1~4分
	5. 能力培养	5	有互动，1分；有能力训练任务，1分；表现方式恰当，1~3分
正确性	6. 课件呈现	10	文字、符号、术语规范，符合国家标准，1~5分；每错1处扣1分，最多扣5分；使用多媒体素材，表现形式与教学内容匹配，1~5分
艺术性	7. 版面设计	10	版面设计布局合理，1~5分；色彩搭配协调，视觉效果好，1~5分
	8. 文字表现	5	字体、字号、字数、颜色合适，1~3分；关键字、关键词、关键句突出，1~2分
	9. 动画效果	5	有过渡性动画，1~2分；动画设置合理，1~3分
技术性	10. 设计独特	10	恰当使用多种媒体素材，1~5分；课件设计新颖，特色鲜明，原创度高，1~5分
	11. 运行流畅	5	课件操作便捷，多媒体插入能够可靠控制，1~2分；播放流畅，运行稳定，1~3分
一致性	12. 关联匹配	5	课件内容呈现与教学设计内容相关联，体现教学设计思维，1~5分

了解评分标准，才能更好地针对不同评分指标，制定制作策略，下面逐一讲解。

❶ 承载性——简约风格是主流

培训师竞赛PPT的风格大多以简约为主，主要影响因素有两个。

1.制作时间紧张。课程开发时间通常为240分钟，选手需要完成课程教学设计及PPT课件设计制作，时间有限，不能在PPT美化上浪费过多时间，简约风格最容易上手。

2.培训师PPT以内容为主，设计为辅，主要用于引导学员思维、展示课程逻辑。不能因为过度的设计分散学员的注意力，在PPT课件评分标准中【承载性】占比50%。

此外，比赛期间会提供制作图片与音视频素材，但是主办方提供的大多数图片素材，清晰度都较为一般，所以选手要懂得如何利用有限的素材完成简约风PPT设计。

那么，如何做到简约而不简单呢？下面4个案例供大家参考。

不用图片搞定简约风PPT

一张图搞定简约风PPT

❷ 艺术性——统一规范是关键

PPT课件评分标准中【艺术性】占比20%。

考核的内容并不是设计创意，而是课件设计的统一性与规范性。

如果对【艺术性】评分标准进行解读并且翻译成具体可落地行为，下表供你参考。

评分标准	具体可落地行为
版面设计布局合理，和谐美观	用好对齐工具与参考线，做好对齐
色彩搭配协调，视觉效果好	一套 PPT 颜色建议控制在 2 ～ 4 种
字体、字号、字数、颜色合适 关键字、词、句突出	中文：微软雅黑，英文字体：Airl 标题字号：28 号，正文字号：18 号
有过渡性动画，动画设置合理	切换动画，推荐统一使用淡入 建议使用细微动画：淡入淡出、擦除

❸ 正确性和技术性——内容正确与运行流畅是保障

PPT课件评分标准中【正确性】占比10%、【技术性】占比20%。

正确性考核选手的细致程度，作为教书育人的老师，在课程内容上要保证正确性，不能传播错误的知识内容，小到序号的选择，大到公式的运用，都是需要注意的。

技术性考核选手的软件熟悉程度，如果评委老师评分时发现PPT打开特别费时间，单击跳转链接发现没反应时，体验感会非常差，通常主要检查以下几个要素。

1. 是否嵌入了字体？嵌入字体文件会特别大，不建议嵌入字体。

2. 图片与音视频是否太占空间？因为只是在计算机端观看，可以考虑压缩文件大小。

3. 链接是否正常与流畅？设置了跳转链接，需要把文件放到相应文件夹，避免丢失。

在竞赛中，PPT课件好坏决定了课程设计与开发考试的成绩，同时也会影响下一阶段授课呈现中评委对选手的印象，了解PPT的特点，针对性练习，才能取得好成绩。

关于"教学竞赛课件PPT"不会制作？
可以扫码观看作者录制的配套教学视频，
边看视频边动手练习效果更佳。

NO.099

如何制定培训师竞赛PPT训练计划？ 适用Office 适用WPS

在培训师竞赛中，PPT课件制作听起来很有难度，需要从0到1完全凭自己的能力做出一份美观大方、符合授课逻辑的PPT课件，其实它是培训师竞赛几项考试中，最容易提高的科目，只要用对方法、科学练习，很快就会进步。下面把方法推荐给你。

按照往期选手的经验，竞赛期间能够分配给PPT制作的时间只有90 ～ 120分钟。

如果能在PPT制作中省下时间，就能给内容梳理和撰写教案留出更充裕的打磨时间。想要提升PPT课件制作能力，关键在于模仿练习，可以按照三个阶段设定练习目标。

阶段	标准	时间
基础阶段	*120 分钟内，完成 PPT 结构页设计与简单的内容排版*	10 天
积累阶段	*掌握多种关系结构的排版和简单的图标制作*	7 天
强化阶段	*90 分钟内，独立完成一整套具有设计感的 PPT 课件*	10 套素材

① 基础阶段

能够在120分钟内，独立做出一套完整的PPT模板，并可以将教学内容美化排版。

想要达到这个水平，需要每天模仿练习一套PPT模板，主要模仿PPT结构页，包括封面页、目录页、转场页、封底页。

PPT内容页模仿简单、能独立复刻的版式即可，练习时最好挑选不需要其他外力就能做出的参考版式，毕竟竞赛期间计算机中只有一个PPT软件可以用。

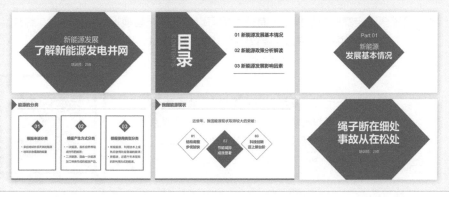

当练习到30分钟内能做完PPT结构页，120分钟内能做出一套完整课件时就算达标。这一阶段练习时间可为10天左右。

② 积累阶段

需要掌握多种关系结构的排版和简单的图标制作。

模仿练习结构图时，要找多种关系的结构排版，如并列、递进、循环等结构练习，结构图可以借助WPS图示库或iSlide图示库来寻找，最好每种关系图都能练习到位。

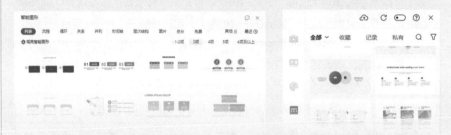

WPS 图示库   *iSlide 图示库*

当看到文字内容，就能做出符合内容逻辑的排版就算达标，时间为7天。

③ 强化阶段

需要掌握能够在90分钟内，不借助外力独立完成一整套具有设计感的PPT课件。

到了这一阶段，脑海中已经积累了很多版式，这时需要在这些积累中找出自己做得最顺手、记得最牢固的版式反复练习，提高制作的速度。

这一阶段要固定竞赛时的模板（有能力的可以多固定一套模板）和结构图，将这些结合不同的素材内容来练习。建议练习10套内容素材，将其固化下来。

关于"筹备培训师竞赛PPT"还不理解？
可以扫码观看作者录制的配套教学视频，
边看视频边动手练习效果更佳。

NO.100

电力演讲比赛PPT,有何特点? 适用Office 适用WPS

请先思考一个问题,PPT上的内容多一点好还是少一点好?凡事没有绝对,关键得看使用场景。在日常工作汇报时,可能需要有大量的数据或内容支撑,但在演讲时,PPT更多是起到提词与烘托氛围的作用。那么如何做出一份助力演讲效果的PPT呢?

演讲比赛与主题展示比赛属于职工文化活动。

每个公司的评分标准可能会略有不同。但评分维度大体是相似的,我们总结了多个演讲比赛的评分标准,挑选了最具有共性的评分细则,供你参考。

评价项目	评价要点	权重
展示内容 (25分)	展示内容能紧紧围绕主题,能够反映"向先进学习"和"展青春风采"两个要素	15
	内容充实、具体、典型,能够体现公司青年积极向上、拼搏进取的精神风貌	10
展现形式 (25分)	形式新颖,引人注目,能体现出青年的创造力和激情活力	25
展示效果 (40分)	具有较强的感染力、吸引力和号召力,能引起广大团员青年的共鸣,打造良好的效果	40
形象风度 (10分)	青年精神饱满,能较好地运用姿态、动作、手势、表情,着装朴素、端庄大方,举止自然得体,富有感染力	10

PPT作为演示辅助工具,在展示形式与展示效果项目中,能够发挥较大的作用。

下面就从这两个维度,逐一跟大家来分析,如何做好此类PPT,为演讲加分。

❶ 展示形式:多用高清大图,吸引全场眼球

正所谓"好图胜千言",一张符合演讲内容的图片可以将观众瞬间代入情境之中。

相比于文字,图片传递信息会更加直观、快捷。高清大图配合现场大屏展示,能够带给观众更强的视觉冲击力,同时也可以让演讲者的内容更有感染力。

其中,视觉冲击力最强的设计手法就是全图型PPT,即图片铺满整张画布的PPT。

比如，你想描述电力人工作不容易，来对比一下，哪张幻灯片更能吸引你？

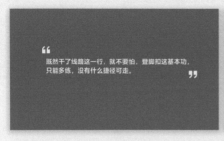 

瞧，有图片加持，场景感是不是更强，更能吸引眼球？

❷ 展示效果：巧用音视频，调动观众情绪

一次演讲比赛中，一位送变电公司女子高空作业班的女生，介绍自己的日常工作时，直接放了一段视频，展示了她在120多层楼的高空工作的场景，全场观众深感震撼。

当讲到她在舟山港主航道高空作业时，遇到暴雨席卷而来，身上除了4根直径只有3厘米的导线，无处可躲，只能将头埋进胸口任凭狂风暴雨砸在身上。配合着狂风的怒吼和雨水拍打的音效，仿佛带着观众回到了当时的场景，深感紧张。

案例来源："家国情怀"全国演讲比赛选手　李佳琪

一段合适的音效或视频，能够将观众拉回到特定的场景中，更能让观众感同深受。

因此，在平时演讲比赛PPT中也可以结合此类手法，让演讲深入人心。

关于本节提到的"演讲比赛现场视频"，可以扫码观看现场视频片段与视频拆解，从别人的身上汲取优质的经验。

后记

因材施教，量体裁衣

《工作型PPT实战手册——电力人必会的100个PPT技巧》终于写完了，不知不觉，这已经是我跟秦老师合著的第4本书了。

我们认为，不论是图书、课程还是培训，都是"教育产品"，而我们对教育产品的核心理念用8个字就可以总结：**因材施教，量体裁衣**。

记得在几年前，秦老师带我进入培训这个行业的时候，他给我分享过一张截图，他说这是他从事培训多年，"零差评"的秘诀。

这是秦老师全职做培训的第一年，他所有的课件文件截图。

根据不同企业的具体情况，他都会花时间做定制化的课件，这个做法让他第一年做培训时获得了良好的培训口碑。

秦老师曾跟我说：想要成为一个好的培训师，不是需要你的口才有多好，而是需要保持一颗敬畏之心，下笨功夫。其实没啥技巧，就是认真。

在他看来，每家企业的行业背景、培训目标、学员基础……是各种各样的，况且时代也在变化，好的培训课程不应该是千篇一律。面对不同需求的企业，不能用一套老课件重复同样的内容，而是尽量做到与时俱进、贴近实际，能够为企业提供真正有成效、能落地的课程。

如果课程一成不变，内容（含案例）与学员实际工作距离太远，学员消化吸收不够，无法直接应用于工作，培训就没有效果。因此，我们每次培训必须充分了解客户的需求，收集学员的真实案例，并进行针对性的备课，坚决不允许用陈旧的、不相关的案例敷衍客户。

这，就是我们课程设计的"因材施教"原则。

但仅仅有针对性的课程还不够。企业的规模体量不同、需要达到的培训目标不同、应用的场景不同、预算经费不同……在这些复杂而多元的情况下，就需要灵活使用匹配的模式来帮助客户在最小的成本下，最大化地解决问题。

所以我们不断探索各种培训模式，适合不同培训目标的企业。

模式	优势特色	学员规模	适用场景
企业内训	老师现场指导，及时反馈 小班氛围浓厚，沉浸感强 学习时间集中，专项提升	建议 10 ~ 40 人	人员容易集中 可脱产学习
线上学习班	培训地点不受限制，组织成本低 参训人员不受限制，规模容量大 教学练习不受限制，模式多元化	建议 30 ~ 300 人	集团多个分公司、 多地域可一起学习
版权网课	即学即用，实战案例录屏演示 速查速用，碎片化学习无负担 配套练习，边学边练反复观看	不限人数 不限次数	上传至企业自主平台 供内部长期学习
学习型大赛	以赛代练，学习更有目标和动力 线上与线下混合培训，优势互补 数智化工具，让培训效果看得见	建议 50 ~ 200 人	丰富企业活动 筛选精英学员
项目实战班	以项目为主线，理论实践双重掌握 以老师为主导，加强反馈指导作用 以学员为主体，强化解决问题能力	建议 5 ~ 20 人	能够按项目周期性 安排充分的培训时长
一对一辅导	一对一解决个性化的难题 针对性量身定制解决方案 全程陪伴持续到项目结束	建议 5 人以下	选手参加重大比赛 重要领导上台演讲

这，就是我们课程模式的"量体裁衣"原则。

所以一直以来，由于秉承这8个字的原则，我们艾迪鹅团队的口碑很好，80%的客户来自转介绍。

而秦老师的这个理念，不但持续影响着我们，也一直贯穿着艾迪鹅的产品和服务。

《工作型PPT实战手册——电力人必会的100个PPT技巧》图书在立项的时候，虽然有很多人不解，毕竟从市场角度出发，好像会吃力不讨好，显得有点"笨"，但从我的视角出发，感觉完全符合我们一直以来所坚守的原则，甚至是信仰。

或许看到这里，大家也就更加能够明白，我们为什么会写这样一本书。

本书只是"工作型PPT实战手册"系列书中的一个开始，我们还会继续保持：

因材施教，量体裁衣。

写到这里，回过头去看我的课件文件夹，突然发现，不知不觉中我竟然也有了这样一张截图。

这或许已经成了艾迪鹅的一种传承，也是我们对课程、图书等所有产品最底层的一个原则，更是我们对客户、读者的一份承诺和信心。

企业要好课，就找艾迪鹅。

期待与您的合作。

张伟崇
艾迪鹅培训总监
500强企业培训师

艾迪鹅培训总监　张伟崇